TOPIA

U0221484

Mary-Jane Rubenstein

宇托邦

太空危竟

CCTP

中央编译出版社
Central Compilation & Translation Press

[美]玛丽-简·鲁宾斯坦————著　　郑春光　吴浩然————译

将欲取天下而为之，吾见其不得已。

——老子

对本书的赞誉

　　《宇托邦》将带领我们踏上一场惊心动魄的外太空之旅。鲁宾斯坦巧妙地将我们遨游宇宙的渴望置于历史和宗教语境下，引人深思。她妙趣横生，让一个复杂的话题变得轻松诙谐。若想了解太空产业的未来，《宇托邦》是一本必读之作。

——英格丽德·拉夫勒

非洲未来战略研究所创始人、主任

　　很长时间以来，这是我读过的最具哲理的佳作之一。它洋溢着浓郁的神话色彩，切合当下，妙趣横生。说它"有影响力"，实在过于平淡，或许"颠覆常规"才更为准确。

——杰弗里·J. 克里帕尔

《范式转移：灵光闪现与知识的未来》作者

这部时代之作入木三分地指出：新太空竞赛毫无新意可言，依然受资本主义剥削与殖民的本能驱动，同时混杂着一种源自犹太—基督教传统的宗教式狂热。《宇托邦》必将引发一场深远的辩论。

——菲利普·鲍尔

《现代神话：大众想象机制的冒险》作者

新太空时代让人兴奋不已，也让人焦虑不安。如今刻不容缓的问题在于：如何避免日益膨胀的太空事业重蹈覆辙。我们首要的任务，则是将神话与现实剥离，而这正是本书所做的尝试。太空事业的发展需要更具前瞻性和批判性的视角，从而指引我们走向一个更加光明、更具包容性的未来。

——蒂米比·阿加纳巴

亚利桑那州立大学全球未来学院社会创新未来系

那些将太空竞赛视作塑造人类命运的浪漫壮举的人，绝不能错过这本书。鲁宾斯坦用诙谐、迫切的语气指出：太空竞赛是罪恶的殖民主义的现代翻版，是一种充斥着剥削和傲慢的神话叙事，会使外太空沦为"贪婪与战争的舞台"。

——马塞洛·格雷泽

达特茅斯学院自然哲学阿普尔顿讲席教授

2019 年坦普尔顿奖得主

《宇托邦》是一部时代之作，生动有趣，让我们得以窥见新太空背后的古老神话。鲁宾斯坦以犀利的笔触，揭示了外太空计划背后的宗教和帝国主义根源，迫使我们重新审视离开地球的动机和依据。不论是那些探寻我们为何急切地渴望登陆火星和其他星球的人，还是那些自诩为太空迷的人，都应该好好读读这本书，思考我们是否真的认同太空寡头们描绘的未来，我们是否还有更好的选择。

——大卫·格林斯普恩

《逐梦冥王星：新视野号的史诗冒险》合著者

中译本序

从事国际合作十多年，浸染中国文化三十余载，对于太阳底下之事早已司空见惯。尤其是在当今科技奇迹层出不穷、社会变革日新月异的时代，每天的"奇闻"和"怪谈"更是让人见怪不怪了。然而，当我看到译者送来的《宇托邦：太空危竞》书稿后，却感到震撼无比，惊愕难抑。

书名仿佛一道充满悖论的谜题。宗教是人类历史长河中古老的文化现象，而太空竞赛则是现代文明中炙手可热的科技话题。作者将两个貌似毫不相干，甚至相互对立的事物放在一起，究竟想要传达什么信息？带着这个疑问，我开启了阅读之旅。首先映入眼帘的便是老子的箴言："将欲取天下而为之，吾见其不得已。"一本讨论太空竞赛的专著，为何与宗教扯上关系？又如何与东方思想家老子的"王道"思想联系起来？推动太空竞赛的力量是否是一种宗教信仰？众多怪异元素的组合，让我宛如梦游仙境的爱丽丝，不禁四顾心茫然，只得语无伦次地感慨："more and more curious"。

或许，玛丽-简·鲁宾斯坦是在践行康德的信念，深深地迷恋头上的星空和心中的道德律。康德曾说，他对这两种东西思考得越久、越深入，就越能唤起内心的惊奇和敬畏之情。鲁宾斯坦作为一位知名的宗教学教授，却同时致力于研究社会中的科学（Science in Society），想必太空和宗教就是她"头上的星空"和"心中的道德律"。如此看来，该书的标题散发出浓厚的哲学意味，蕴含着无穷的张力。主标题"Astrotopia"，由表示"宇宙"的前缀"astro"和表示"地方"的词根"topia"组成，显然是在化用乌托邦（utopia）一词。译者将其翻译为"宇托邦"，可谓言简意赅，恰到好处。副标题包含的关键词太多，若直译为"企业太空竞赛的危险宗教"，显得过于冗长。两位译者删繁就简，钩玄提要，选用"太空危竞"四个字，意味隽永，切中肯綮。

在这本书中，读者将会看到科技与宗教、资本主义与哲学的碰撞与交织。作者通过对太空竞赛的深入剖析，一语道破玄机：科学是宗教的直系后裔，继承了宗教的许多功能，如今宗教依然是推动科学发展的原动力。在她看来，科学和宗教都在宣扬某种普世的思想，举行各种繁复的、程式化的仪式；二者都相信真理存在于某个"外在的"地方，不是创造或发明出来的，而是等着人类去发现和信奉；科学家像神职人员那样，声称可以直接接触真理，他们说一种无人能懂的语言，并且将其翻译和传播给我们；现代医生如同萨满和驱魔人那样，为各种各样的病人做诊断和治疗；宇宙大爆炸和自然选择的学说，不过是古老创世神话的替代物。

作者用诙谐、犀利的语言，揭露了企业太空竞赛背后的真实动机。马斯克、贝索斯等西方资本巨鳄打着探索宇宙、拯救人类的旗号，实则包藏着强取豪夺的狼子野心。火星协会主席祖布林鼓舌摇唇，声称太空之境空无一人，也不存在任何生物，因此太空殖民与在地球殖民有天壤之别，可以避免过去的一切罪行，"我们有机会用清白的双手创造新事物"。鲁宾斯坦一针见血地指出，太空殖民主义完全是地球殖民主义的延续，太空殖民者与历来的殖民者是一丘之貉。不论是犹太人逃出埃及占领迦南地，还是欧洲人跨越大洋征服新大陆，抑或是美国白人向西部挺进开疆辟土，每个时代的新世界征服者都会宣称，新世界荒无人烟，他们在用清白的双手创造新事物。然而，不论是迦南、美洲，还是美国中西部，遍地都是人类和各种各样的生物。无穷无尽的资源和巨大的利润，才是真正驱使殖民者四处扩张的动力。马克思曾引用过一段话，论述资本追逐利润的嗜血和贪婪："只要有10%的利润，它就会到处被人使用；有20%，就会活泼起来；有50%，就会引起积极的冒险；有100%，就会使人不顾一切法律；有300%，就会使人不怕犯罪，甚至不怕绞首的危险。如果动乱和纷争会带来利润，它就会鼓励它们。"这些国家研发新科技，探索外太空，无非是为了追求高额的利润。只要新技术、新大陆、外太空能带来高利润，就会使人不怕犯罪，甚至不怕绞首的危险。至于是否有利于经济发展和社会进步，则完全不在他们的考虑范围之内。

"将欲取天下而为之，吾见其不得已。"老子的警世恒言如黄钟大吕，为全书奠定了基调。鲁宾斯坦将其置于扉页，无疑是在警醒世人，尤其是那些热衷于太空殖民的人，不要妄图用自己的思想去统治世界，这无异于螳臂当车，终将无果而终。尽管早在 20 世纪中期，阿姆斯特朗就为人类迈出了意义深远的"一大步"；尽管如今科技不断进步，马斯克和贝索斯不断地向天空发射卫星，但是殖民太空的企图注定会以失败告终。太空竞赛本质上是一种"新瓶装旧酒"的宗教，会激发人类内心贪婪、狂热和欲望的种子，导致权力的滥用和价值观的扭曲，从而加剧环境的恶化和社会的不公。

那么，我们的出路在哪里？鲁宾斯坦引导我们重新审视科技与人类命运的关系，为我们提供了一种迥异的思维范式。她倡导倾听不同的声音，用原住民哲学、多物种世界观、宗教生态学以及提倡外星正义的非洲未来主义取代那些孕育当代技性科学价值观的不良神话，对一切生命和非生命事物保持尊重和敬畏。是的，人类只是宇宙的一部分，不应该成为万物的主宰。正如老子所言："故道大，天大，地大，人亦大。域中有四大，而人居其一焉。"只有当我们宣扬守护而非逐利、和谐而非占有的思想，才能构建一个真正平等、和平与自由的社会。

　　最后，我要向译者表示由衷的感谢。他们将这本《宇托邦：太空危竞》引入了中文读者的视野，让更多的人有机会深入探究和思考这些关乎人类命运的议题。我坚信无论是处于科技前沿的工作者，还是人文社科领域的专家，抑或是志在求索的广大普通读者，都能从这部著作中获得深刻的启迪和丰富的收获。让我们一起扬帆启程，踏上这段探索太空的神秘之旅，共同思索科技蓬勃发展下，人类未来何去何从的谜题。

颜　妍

2023 年 11 月 16 日于北斗新时空

序

这就像一场噩梦，或一部俗套的科幻小说：地球正变得越来越不适宜居住，只有一小撮富人可以搭乘飞船离开地球，前往一个太空购物商场生活，处于毁坏地球企业的统治之下。地球上的生存环境已近乎地狱，然而太空殖民地的技术尚不成熟，人们的居住空间极为逼仄，信息、水和空气均由寡头控制，这进一步加剧了地球上的各种社会危机。显而易见，这个故事不会以好的结局收场。如今，几个风流倜傥的企业老总正与国家大型航天机构展开竞争与合作，而我们却对此照单全收。这就是"新太空"时代。

最著名的"新太空狂人"莫过于埃隆·马斯克（Elon Musk），他扬言要把人类从地球的囹圄中"解救"出来。地球是一场灾难，一座行星监狱。如果不尽快殖民其他星球，智人终将葬身此处，死于核能、微生物或小行星撞击。面对如此迫在眉睫的毁灭，马斯克的航空公司——SpaceX（太空探索技术公司）计划每周建造两艘星际飞船，将100

· 1 ·

万宇宙拓荒者送往火星。

马斯克并非特例。杰夫·贝索斯（Jeff Bezos）辞职后成为亚马逊总裁，希望以自己的方式让人类脱离濒危的地球。罗伯特·祖布林（Robert Zubrin）创办的火星协会（Mars Society）资金雄厚，想要人类迅速前往这个红色星球，使"濒死的世界重获新生"。美国政府则一边随意制定规则，一边又希望联合国不要出台反对方案。美国两党在航天事业上无不好大喜功。事实上，拜登政府只保留了特朗普时代的两个主要目标：（一）创建一支可以发动太空轨道战的部队；（二）移民月球和火星，实现唐纳德·特朗普（Donald Trump）所谓的美国"在太空的昭昭天命（manifest destiny）"。

如今，外太空仍然是一个充满乌托邦梦想、救赎剧、救世主情结、末日幻想、诸神、英雄和恶棍的地方，弥漫着某种怪异的宗教色彩。

本书的主要观点是：愈演愈烈的"新太空竞赛"不仅是一项政治、经济或科学事业，也是一个神话工程。事实上，正是神话将这一切活动凝聚在一起，并且赋予了它们责任感、使命感和人道主义等光环。因此，"新太空"并没有多少新东西。太空殖民运动虽然不断升级，但它其实是始于 15 世纪推动全球化的宗教、政治、经济和科学风暴的延续。换言之，"新太空"竞赛不只是重拾神话主题，也是在重演基督教主题。

这里的基督教既不是马丁·路德·金（Martin Luther

King）、多萝西·戴（Dorothy Day）、丹尼尔·贝里根（Daniel Berrigan）和菲利普·贝里根（Philip Berrigan）的基督教①，也不指涉任何反对种族主义、反对战争、热爱地球、传道授业的导师和团体——包括教皇方济各（Pope Francis）。它指的是帝国基督教（imperial Christianity）或"基督王国"（Christendom），其与早期资本主义、欧洲扩张和带有强烈种族主义色彩的科学相结合，致力于在全球各地殖民。我们可以看到，从"发现原则"②（将非洲"给予"葡萄牙，将新世界"给予"西班牙）到"昭昭天命"（导致白人殖民者占领美洲大陆），再到"新太空"宣言（企图霸占整个太阳系，乃至银河系），它们之间存在着某种诡异的内在联系。

在这种背景下，不论是破坏地球，还是掠夺人类和非

---

① 多萝西·戴（1897—1980），美国天主教徒、记者和社会活动家，天主教工人运动的创始人之一。丹尼尔·贝里根（1921—2016）和菲利普·贝里根（1923—2002），美国耶稣会教士，他们在 20 世纪 60 年代和 70 年代积极参与反战和反核运动，宣扬和平，反对暴力，并且认为这是基督教教义中重要的价值观。——译者注

② 发现原则（Doctrine of discovery），可追溯至中世纪和十字军东征时期（1096—1271）。当时确立了"教皇普遍管辖权"的理念，追求建立基督国，占领"发现的"非基督徒的土地。尤其是英诺森四世在注解英诺森三世的诏书《关于那些事》（Quod Super his）时宣称，教皇经由圣彼得被基督授予了管辖世界的权柄，然而他不能仅仅因为异教徒不信教而惩罚或侵略他们，因为这些人没有教会的引导，遵循的是自然理性的法则，只有当他们严重违背一些法则时——如性错乱、拜偶像等，教皇才可授权基督君主通过军队惩罚他们，并使他们皈依。15 世纪罗马教皇颁布的三个诏书奠定了"发现原则"的宗教基础，成为欧洲基督文明征服和统治非基督世界的依据，他们可以合法占有、拥有和统治任何"发现的"土地，包括一些"无主之地"（Terra Nullius）和非基督徒居住的土地。——译者注

xi 人类的“资源”，都成了一种为实现神圣目的而进行的献祭，换句话说，是在为一个破坏性极强的物种创造财富和繁荣。外太空曾是蕴含着无限可能的空间，如今却成了一个充满贪婪和战争的舞台。

然而，我们还有没有其他方式探索宇宙？能否在不破坏行星、卫星和小行星的前提下研究它们？能否不再只是把土地视作“资源”的容器，而是去发现其内在价值？能否在不洗劫星球资源的前提下，前往多个星球访问甚至移民？在星际探索的过程中，我们如何避免将极具破坏力的倾向带到外太空？与此同时，我们能否治愈已然千疮百孔的地球？

我的建议是，既然这个问题具有“宗教的”根本属性，那么解决方案也必然与宗教有关。热爱正义的太空爱好者正面临着巨大的挑战，即如何用创造性、可持续性与和平的神话取代那些指引科学发展的破坏性神话。这些破坏性神话又是什么呢？实际上，它们无处不在，甚至支撑着现代社会一些貌似与宗教无关的基本假设。这些基本假设包括：智力是宇宙中最有价值的力量；人类在智力方面高于其他物种；矿物只有作为资源才有价值；土地可以被占有。

西方科学、经济学和政治学告诉我们，这些观点千真万确，甚至具有普适性。然而，它们其实都是西方一神论和希腊哲学传统的产物。如今，我们依然在用那些神和英雄的名字命名现代飞船和“飞行任务”。简而言之，西方科学、经济学和政治学貌似与宗教无关，但实际上它们受宗教的影响最深。

其实，我们还存在许多其他传统，也有不少对西方传统的不同阐释：它们主张亲和优于竞争，知识高于利润，维持先于囤积。这些另类的故事正在形成一些学者所说的"新的科学方法"，它尊重原住民的知识体系、非人类生命形式的尊严和土地的品格（尽管土地看似没有生命）。① 这种"新"方法致力于在地球乃至其他地方构建若干公正、快乐和可持续的社区，而不是无限延续我们之前制造的混乱。

---

① Keolu and Prescod-Weinstein, "Fight for Mauna Kea."

目　录

导　论

我们认为这种神话潜力无限

另一种维度

另一种生存之道

——桑·拉①

---

① 桑·拉（1914—1993），原名赫尔曼·普尔·桑尼·布朗特（Herman Poole Sonny Blount），美国爵士乐作曲家、诗人、哲学家，非裔未来主义的先锋之一。他深受埃及文化的影响，将名字改为 Sun Ra，即埃及太阳神拉。他宣称自己来自土星，肩负着拯救地球的任务，倡导先知与和平。——译者注

现在是周一早上，一会儿我会对着满屏的天文学家说，他们应该研究宗教。四岁的儿子还在熟睡，我越过他舒展的身体，喃喃自语："我在想什么呢？"他们可都是严肃的天文学家，崇尚证据，厌恶"盲目的信仰"。如果把他们和占星家混为一谈①，这些极客们可能会又气又急，多少带着几分可爱。

我决定"先从广义的概念开始"。我一边抚平儿子的头发，一边查看手机，确认他的学校今天没有停课。我开始录音，以便记住要点，等坐到办公桌前再进一步完善。"宗教告诉我们从哪里来，要到哪里去，以及在此期间如何生活。它将一个领域与其他领域联系起来。它让人们对秩序心存敬畏，对混乱有所恐惧。"这时孩子拿走了我的手机，就先这样吧。

起源，终结，星球，秩序。精确的计算，不断的惊奇。从这个意义上说，天文学家肯定会同意，科学看起来有点像宗教，宗教看起来有点像科学吧？

这可能比我想的要难。

---

① 占星家的英文是 astrologer，与天文学家（astronomer）相似。——译者注

2

　　"走吧，以利亚（Elijah）①，"我轻声地说，让他回到自己的房间，"趁小以斯拉（Ezra）还没醒，我带你去穿好衣服。"我们蹑手蹑脚地走在他房间的地毯上。地毯是深蓝色的，点缀着白色和灰色的星星。我被木制空间站上的迷你宇航员绊了一下，把他的火箭飞船枕头扔回床上。以利亚忙着脱下带有星座图案的睡衣，而我正在抽屉里为他翻找印有太空骆驼的 T 恤。我给他裹上一件星月斗篷，递给他闪闪发光的"太空权杖"，然后带着这位笑嘻嘻的"太空魔术师"下楼，把他的星系午餐袋装进太阳系背包里。

　　我一点也没有夸张。他所有的东西都是太空主题。但问题是，以利亚对外太空并不那么痴迷。诚然，他喜欢太空，但是这些物件都是他的父母、（外）祖父母、教父、教母、姑姨叔伯们为他挑选的。我们完全可以在他的房间里放满恐龙、独角兽、蝙蝠侠或小老虎丹尼尔。在以利亚的眼中，这些事物和火星或土星一样有趣，也一样真实；而且，宇航员、海底小纵队（Octonauts）、外星人、水星、哥谭市、圣诞奶奶（Mrs. Claus）、象头神甘尼什（Ganesh）、乔治·迈克尔（George Michael）和阿瓦勒公主艾莲娜（Elena of Avalor）之间并没有什么本

---

① 作者家庭成员的名字均源于《圣经》中的人物。此外，本书所引《圣经》的中文译文皆摘自《圣经和合本》。——译者注

质上的区别。① 他们都不是特别真实，但也都是一种超现实；尽管他并未见过绿巨人浩克，也从来没有去过木星，但是这些占据了他的大部分思想，潜移默化地影响了他的言行举止。对于他来说，所有的这些角色和领域都属于我这种**宗教迷**所定义的神话。

为什么选择太空的东西，而不是鲨鱼或火车？太空哪些方面让我，让**我们**希望下一代也对它感兴趣？我们究竟希望孩子们获得什么样的"太空"价值观？

"太空即归宿。"② 非洲未来主义爵士音乐家桑·拉和他的宇宙"方舟乐团"（Arkestra）③ 反复地吟唱道。拉的意思是，太空是新生命、新意识和新和谐关系的孕育地，是流离失所、无家可归之人的避风港，也是那些始终格格不入者的理想国。在拉看来，如果有人无法忍受地球上的压迫、唯利是图、残忍好战，如果有人想去寻求新的生存方式，那么太空就是他们的归宿。因此，他吟诵着，宣告我们相互依存的关系。

---

① 《海底小纵队》是一部英国出品的儿童探险动画片，讲述了一群海洋生物冒险救援海洋其他生物的故事。象头神甘尼什是印度教中的一位神祇，被视为智慧、财富和幸运之神。乔治·迈克尔（1963—2016），英国希腊裔流行乐歌手、词曲创作人，当代最成功的欧美流行歌手之一，曾以威猛乐队（Wham!）和个人身份推出多首畅销单曲。阿瓦勒公主艾莲娜是一位虚构的迪士尼拉丁裔公主，她勇敢对抗黑暗和魔法，保护她的王国和人民。——译者注

② 《太空即归宿》是由约翰·科尼（John Coney）执导，桑·拉担任编剧和主演的一部科幻片。——译者注

③ "Arkestra"是 Ark（方舟）和 Orchestra（管弦乐队）的组合。——译者注

3
　　　我们认为这种神话潜力无限

　　　绝非不证自明，而是位于彼岸

　　　另一种维度

　　　另一种生存之道①

　　也许就是这样：即使对于成年人来说，那些太空神话也仍然让人心驰神往。在圣诞老人和艾莫（Elmo）②消失很久之后，即便连象头神和耶稣也消失了，太空仍然会让我们惊叹不已，释放拉所说的"潜能"。当我们教孩子们热爱行星、群星和星际空间的黑暗时，就是在教他们去热爱无限、广袤和未知，醉心于他们无法解答的难题，留意那些真正新奇的事物，或许某一天还会与之融为一体。

　　太空充满了我们最诗意的想象，让我们如痴如醉地去探索。在太空中，艺术、科学、文学、技术和宗教如漩涡般疯狂地相互吸引、相互排斥，那里预示着通往启蒙的道路，意味着更完美的存在。太空不断震撼着我们，唤起我们的敬畏之心。比如，它告诉我们，我们光辉璀璨、普照万物的太阳只是银河系数千亿颗恒星中的一颗，而银河系

①　Sun Ra, "We Hold This Myth to Be Potential," in Abraham, *Sun Ra: Collected Works*, 1：210. "我们认为……不证自明"，显然是对美国《独立宣言》"我们认为下面这些真理是不证自明的……"的戏仿。桑·拉旨在用这种方式表明，这种神话对"我们"来说存在无限可能，但是对"你们"来说，却是全新的事物，超越了现有的知识体系。——译者注

②　艾莫是美国儿童教育电视节目《芝麻街》（*Sesame Street*）中的角色，是个三岁半的红色小人偶，积极乐观，可爱幽默，广为人爱，出现在大量影视作品中。——译者注

是我们可观测到的宇宙中**数千亿**个星系中的一个，甚至这个宇宙也可能是无数个宇宙中的一个。无数的恒星温暖着更多的行星，海洋、沙尘暴、微生物云以及你所知和不知的一切，在无限的时空中不断运动，而你却在这里（不在别的地方），做着奶酪三明治。

*　　*　　*

我们中的一些人可能会沉迷于宇宙奇迹，执着于探索宇宙奥秘，或致力于捍卫宇宙正义；另一些人则会利用外太空难以言喻的牵制力，实现民族主义、军事以及日益膨胀的商业目的。在这个"新太空"时代，公共和私人利益相互合作与竞争，比如：在月球上建立永久的前哨，从行星和小行星上开采水和金属，并最终实现殖民火星的目的。所有这些都打着各种各样崇高的旗号，诸如"实现我们的天命"，建设一个"清洁、绿色的未来"，甚至"拯救人类"。可是，太空救世主如何**完成**这种救赎？他们会把宇宙本身转化为资本，并征服人类最后的边疆——太空。

救赎要靠帝国主义来实现？就外太空而言，这一战略可以追溯到阿波罗计划时代：当时美国"为全人类"在月球上插上了一面美国国旗，以世界和平的名义宣示美国的军事霸权，通过传播那些美丽、一体化的地球轨道照片，宣布环保主义和全球金融的诞生。这种拯救性征服可以往前追溯到"昭昭天命"的观念。"昭昭天命"召唤美国白人向西部边疆挺进，驱逐美洲原住民并摧毁他们的土地。如果继续往前追溯，则是更为久远的"发现原则"。"发现原则"授予了欧洲人占领美洲、屠杀原住民和奴役非洲人的神圣特权。他们所有开疆辟土的征程，无论是跨越海洋、开拓北美大陆，还是探索太空，都是为了获得商业利益和国家荣耀，都以人类和生态系统的巨大灾难为代价。然而，这些苦难的故事总是会被繁荣、天命、救赎和自由等振奋人心的旗号所掩盖。

这就是我对"新太空"忧心忡忡的原因。那些巨富的乌托邦主义者承诺会带一些人离开这个注定灭亡的星球，其实都是在用崇高的宗教语言推销统治世界的古老故事。

这场宇托邦大戏的主角是 SpaceX 首席执行官马斯克，他长期与贝索斯争夺世界首富的头衔。马斯克通过"贝宝"（PayPal）和"特斯拉"（Tesla）发家致富，如今主要将他巨大的精力投入到航空航天公司上。该公司宣扬的使命是，让人类成为"多行星物种"，为此首先要在火星上建立殖民地。马斯克称，未来危在旦夕：无论是小行星、核战、机器人叛变，还是致命的病毒，总会出现某种东西，毁灭地球上的生命，所以人类存活的前提是赶快逃离糟糕的地球。

参议员伯尼·桑德斯（Bernie Sanders）指责亿万富翁马斯克及其竞争对手贝索斯，认为二人始终追逐"极度的贪婪和不平等"，这非常"不道德"，也"不可持续"。对此，马斯克曾自以为是地做出过回应。"清洁科技"（Clean-Technica）网站为马斯克辩护，在桑德斯的推特下面加了一个指向"贪婪"一词的曲线箭头，以及五个愤怒的橙色问号。随后马斯克反击说："我正在积累资源，助力实现生命多行星化的愿景，将意识之光延伸到其他星球。"① 这与金钱无关，马斯克认为自己肩负着这一使命。

马斯克的追随者们非常狂热，数量庞大，还极具防御意识。当马斯克宣布他的宇宙计划后，一名听众欢呼道："（马斯克）引领我们！"② 尽管这些"马斯克粉"③ 很少会把自己描述成宗教人士，但是他们竟然相信一个自封为救世主的人所讲述的灾难和救赎的经典神话。"世界末日即将来临，"这个救世主喊道，"相信我，我会带你们去一个全新的世界，在那里你们终将获得自由。"那里远离尘世，远离死亡，不受重力的影响——至少要小得多，甚至可以不受国际监管。在星链（Starlink）合同的细则中，马斯克宣称火星是"一个自由的星球"，在那里"地球上的政府不再有主权和管理权"。④

经过七个月的太空飞行后，马斯克的首批乘客将抵达火星并开始独立生活。他们将依靠辛勤的工作、机器人和一支契约仆人队伍，在地下洞穴中建立一个全新的、"自给自足"的社会。最终，这些高科技的"自耕农"可以在火

---

① Elon Musk, Twitter post, March 21, 2021, https://twitter.com/elonmusk/status/1373507545315172357.

② Russel and Vinsel, "Whitey on Mars."

③ "Musketeers"一词带有双关性，既表示火枪手，也指马斯克的粉丝。——译者注

④ Cuthbertson, "Elon Musk's SpaceX Will 'Make Its Own Laws on Mars.'"

星表面上生活，使火星尽可能地"地球化"。如何把一个冰冷、有辐射、沸腾的星球变得像我们热爱的地球那样宜居？马斯克回答道，我们可以"给它加热"。他建议在上面投一些原子弹，因此 SpaceX 零售网站上开始出售"核爆火星"（Nuke Mars）的 T 恤。

如果不是 SpaceX 向太空发射数千颗卫星，出售低轨火箭给民用领域，为美国国家航空航天局（NASA）运送货物和宇航员，那么马斯克的宇宙弥赛亚主义（messianism）很可能会被忽视。事实上，由于最近的立法，美国航空机构越来越依赖于"太空企业家"提供设备和执行太空任务，因为他们的资金更为充裕，也更便于规避风险。马斯克、贝索斯等巨富的太空迷以及一大批太空采矿公司，目前正在激烈地争夺天价的政府合同。

与此同时，中国已经向火星发射了探测器，向月球背面发射了卫星，并且正在建设独立的空间站。虽然理查德·布兰森（Richard Branson）的太空飞机极不可靠，但是他却将太空之旅的票价定为 20 万美元。太空采矿公司还没在小行星上行动，就已经筹集到了数十亿美元。以色列一项失败的太空任务，致使脱水的水熊虫滞留在月球表面。越来越多的非洲国家正在加速自己的太空计划。美国专门成立了一个新的军事部门，用来发动太空战争。一些航天初创企业声称，他们将建造一家摩天轮形状的轨道太空酒店。

与此同时，地球被无数的金属碎片包围着。它们源自各种报废的卫星、失败的太空任务和长期脱落的螺栓，形成了一层环绕地球的稠密的"垃圾冕"。似乎没有人知道如何清除它们。① 太空简直是一团糟。

坦率地说，这足以让为人父母的我大喊："快停手吧！"——虽然不一定会有人听。这足以让身为生态学家的我感到恐惧：我们破坏了一个世界之后，又急匆匆地去洗劫其他世界。这足以让身为人文主义者的我去乞求马斯克和贝索斯：能不能把巨额的财富花在供水、生物多样性、教育、赔偿和再造林等方面，从一开始就避免出现迫使人类逃离的世界末日？总之，这足以让我想放弃太空。

我又想到了那些将要被我用宗教内容迷惑的天文学家。他们对伟大的宇宙充满好奇，虔诚地从事各种相关的研究，兴致勃勃地解密事物的起源和本质。当我听到他们用实用价值为研究项目辩护时，我真替他们羞愧，好像知识只有在治愈新冠肺炎或提升手机速度时才重要。我想到了桑·拉、加奈儿·梦奈（Janelle Monáe）②，以及那些女性主义者、原住民和非洲未来主义科幻作家，他们去"太空"是为失去人性的人类寻找未来真正自由的曙光。此外，我还想到了家里藏在星球帐篷里的小太空巫师。坦白地说，我**希望**自己的孩子们成为天文学家或宇宙诗人，或者歌颂更美好世界的未来主义爵士乐钢琴家。但是如果地球被垃圾

7

---

① Khatchadourian, "Elusive Peril of Space Junk."
② 加奈儿·梦奈（1985— ），美国歌手、词曲作者、演员。

冕勒得喘不过气来，那么这一心愿就难以实现了。

＊　　　＊　　　＊

最近几年，少数科学家开始孜孜不倦地主张，我们必须用不同的方式研究太空。热爱正义的天文学家与表演艺术家、音乐家、哲学家、活动家和人类学家联合起来，呼吁采取"去殖民化"的方法进行观察与探索。学术语言可能比较晦涩。换句话说，"去殖民化的太空"意味着，按照种族、性别和阶层来实现航天工业的多样化。这不仅更具有代表性，而且是从尽可能多的视角去接触外太空。"去殖民化的太空"意味着，所有关于外星劳动和领土的计划都将以黑人和原住民的意见为中心，而不能再用"艰苦的劳作"和"空旷的边疆"等说辞将其美化。"去殖民化的太空"也意味着，避免污染其他行星（包括星际空间之路），不要过度开采"资源"，禁止将土地商品化，让 SpaceX 和蓝色起源（Blue Origin）等私营企业接受严格的国内外监管。

活动家们认为，这可能会使太空摆脱"最后的边疆"这种浪漫而又邪恶的名称。毕竟，关于人类边疆的故事——特别是在美洲，充斥着血腥暴力、种族灭绝甚至生态毁灭。因此，他们不会打着英雄主义的幌子去重新讲述一个古老、剥削性的故事，而是会宣扬太空是一个全新开始的地方，人类可以重塑"与其他生命形式、与土地以及人类彼此之

间的关系"。① 我真的很想相信他们。我希望在征服太空的
军事和商业活动中，能够与主张去殖民化的天文学家一起
宣称，太空还有另一种可能性。为了实现这一点，我们必
须揭露那些不断升级的"新太空"竞赛背后古老而又具有
破坏性的神话，并让其他神话来引导我们。

　　我们的旅程从下一章开始，首先考察外太空及其周围
的现状。在我们的头顶上，在我们的背后，在我们的脚下，
私营企业正全方位地与国家机构展开竞争与合作，企图在
地球之外建立永久的人类居所和残酷的经济体制。尤其是
在美国，人们常用天命、自由、救赎乃至神的意志等说辞
来为这些行动辩护。因此，我们会进一步往前追溯，揭示
那些为欧洲殖民主义、美国扩张主义和冷战时期太空竞赛
提供辩护的《圣经》故事和教条教义。我们会讨论帝国主
义以宗教为名义引发的政治、伦理和环境危机，它们愈演
愈烈，最终导致太空军事化，外星"资源"开采竞赛，以
及包围地球的科技垃圾冕以惊人的速度增大。

　　我们将会看到，危机的升级速度日益超过了科学发展
和立法的进度。因此，倾听不同的声音至关重要。只有转
向原住民哲学、多物种（more-than-human）世界观、宗教
生态学，以及关于外星正义的非洲未来主义（Afrofutur-
ism），我们才能开始构想真正平等、和平与自由的社会，其
基础是对生命和非生命事物的尊重甚至敬畏。

---

① Tavares et. al. , "Ethical Exploration. "

我想说的是，如果我们想要在太空中争取权利，就必须向宗教争取权利。我们需要揭露那些孕育当代技性科学（techno-science）价值观的不良神话，从而去追求更好的神话。我们应该寻找甚至创造一些故事：它们宣扬守护而非逐利、和谐而非占有的思想；它们会警示我们，并不是宇宙属于我们，而是我们属于宇宙。

第一章

太空无垠，未来无限

9

我们注定会成为自己曾经畏惧和崇拜的神。

——加来道雄①

① 加来道雄（Michio Kaku, 1947— ），日裔美国理论物理学家，超弦理论的奠基人之一，著有多部科普畅销书。——译者注

龟兔赛跑

当马斯克将一辆汽车送入太空时，我就意识到了一些问题。2018 年 1 月，SpaceX 打算测试其猎鹰重型（Falcon Heavy）火箭，这不仅可以向美国军方示好，而且还可以吸引公众的眼球。为了展示火箭的运载能力，马斯克没有使用传统的混凝土或钢板，而是在火箭上携带了一辆红色特斯拉电动敞篷跑车。那可是一辆完好无损、精美绝伦的电车。价值 10 万美元的铬、皮革、钢铁、玻璃，最先进的导航软件、绿色技术以及人力劳动，就这样被扔进了无用的太空轨道——不是地球自转轨道，而是公转轨道。这完全是虚张声势、暴殄天物，也是对宇宙的恣意妄为：现在除了八颗行星、一些矮星、卫星和小行星之外，还有一辆精心设计的敞篷车绕着太阳旋转，身着太空服的假人——星侠（Starman）驾驶着它，直到世界末日。

1972 年，大卫·鲍伊（David Bowie）推出《齐格·星尘》专辑（*Ziggy Stardust*）①，里面的外星弥赛亚为马斯克

---

① 专辑的全名是《齐格·星尘的兴衰与火星蜘蛛》（*The Rise and Fall of Ziggy Stardust and the Spiders from Mars*），其中有一首单曲名为《星侠》（Starman）。——译者注

命名末日太空机器人提供了灵感。伴随着鲍伊《火星生活》的旋律，猎鹰重型火箭将跑车送上了太空，而他的《太空怪谈》（Space Oddity）仍在日本胜利公司（JVC）的音响中无限循环播放。星侠的杂物箱里塞满了多媒体版道格拉斯·亚当斯（Douglas Adams）的《银河系漫游指南》（Hitchhiker's Guide to the Galaxy）和艾萨克·阿西莫夫（Isaac Asimov）的《基地》（Foundation）三部曲。猎鹰火箭的命名源自《星球大战》（Star Wars）中的"千年隼"（Millennium Falcon）号飞船。你可能会说，马斯克是极客中的极客，他的审美是对逝去的少年时代关于未来畅想的缅怀：火箭、太空服、火星人、华丽的摇滚乐以及自由市场蕴含的无限可能性。

图 1.1 星侠在轨道上驾驶特斯拉
图片来源：SpaceX

马斯克也是个作秀狂人。2003 年，NASA 并不重视他的 SpaceX 及其新制造的"猎鹰 1 号"火箭。于是，他把七层楼高的火箭放在一辆巨大的平板卡车上，从加利福尼亚州的埃尔塞贡多（El Segundo）一路开到华盛顿特区，停在美国联邦航空管理局（Federal Aviation Administration）总部外面的街道上。[1] 在此后的 20 年里，马斯克继续制造各式各样吸引眼球的噱头：火箭发射频登推特热搜榜，巨大的爆炸声，未造飞船先向亿万富翁卖票，扬言将得克萨斯州的博卡奇卡市（Boca Chica）重新命名为"星际基地"（Starbase）。他还发布宣言称，计划推动人类尽速离开地球，以实现"人类"的救赎。[2]

与此同时，在得克萨斯州的另一边，贝索斯的动静要小得多。21 世纪初，当马斯克对 NASA、空军、波音公司和洛克希德·马丁（Lockheed Martin）公司提起反垄断诉讼时，贝索斯悄悄地收购了一些牧场。他用一系列临时公司的名义，在得克萨斯州西部拼凑了 30 多万英亩（约 1214 平方千米）的土地，悄无声息地测试他的火箭。而这些临时公司则被冠以传奇拓荒者的名字，比如：约翰·卡伯特（John Cabot）、詹姆斯·库克（James Cook）、威廉·克拉克（William Clark）。[3] 当然，马斯克也收购土地，但是他制造的动静太大，以至于如今韦科市（Waco）附近内夫母亲州

---

① Davenport, *The Space Barons*, 42.
② Musk, "Making Humans a Multi-Planetary Species."
③ Davenport, *The Space Barons*, 26.

立公园（Mother Neff State Park）的护林员会提醒游客，大家如果听到巨响，千万不要紧张，那可不是世界末日，至少现在还不是。

马斯克和贝索斯就像两个风格迥异的魔术师。马斯克能从帽子里变出兔子，贝索斯则能让硬币在你耳后消失。当马斯克大喊"快看，妈妈！哦，等一下，还没好"，贝索斯则躲在房间里不断完善技巧。两人都在制造最先进、可重复使用、经济实惠的火箭：马斯克急于发射升空，贝索斯则专注于地面设施。马斯克让我们仰望天空，贝索斯则让我们紧盯屏幕——一键购买粘毛器、蛋糕盘和小狗毛衣，从而资助他更宏大的事业。当贝索斯最终透露他在得克萨斯西部的意图时，他说道："你每次（在亚马逊上）买鞋，都是在资助蓝色起源公司，我会非常感激。"①

2004 年，贝索斯的航天公司规模还不大。当时他给员工写信明确指出，蓝色起源的运营方式与 SpaceX 的差异在于："做乌龟，不做兔子。"② 他为公司制定的座右铭是"步步为营，勇往直前"（*Gradatim ferociter*）。这是"稳扎稳打，赢得比赛"的拉丁语版本，但是语气更加坚定。这句话刻在公司徽章底部的飘带上（公司的确有一个徽章），上面有两只乌龟站在地球的顶部，从北美地区去触摸金光闪闪的太阳系。图像的顶部是十字形的太阳，底部是一个带

---

① Cao, "Jeff Bezos Thinks He's Winning the 'Billionaire Space Race.'"

② Bezos, cited in Davenport, *The Space Barons*, 147.

翼的沙漏，里面的沙子已经流尽。总体看来，整个徽章就像 15 世纪的宇宙结构学与哈利·波特迷杂志的组合。

贝索斯不像个极客，倒更像个书呆子。他会阅读印刷品上的所有内容，在下定决心之前，甚至考虑过最古怪的替代方案，并且坚持以完整的段落形式提出想法。众所周知，他是个书迷。除了《伊索寓言》（*Aesop's Fables*），他还热衷于阅读托尔金（Tolkien）、阿西莫夫、凡尔纳（Verne）、伊恩·M. 班克斯（Ian M. Banks）、尼尔·斯蒂芬森（Neal Stephenson）和威廉·吉布森（William Gibson）等人的作品。有时，他甚至会提及《时间的皱纹》（*A Wrinkle in Time*），这是一部为数不多的女作家创作的经典宇宙探险作品。他建议那些雄心勃勃的大亨们，阅读近代每一位著名 CEO 的自述。不过，在太空方面对贝索斯影响最大的当属《星际迷航》（*Star Trek*）。

当马斯克用炸裂的猎鹰火箭和史诗级的配乐效仿乔治·卢卡斯（George Lucas）时，贝索斯则在打造更高级的"企业"（Enterprise）号星舰。① 据富兰克林·福尔（Franklin Foer）在《大西洋月刊》（*The Atlantic*）上的报道，贝索斯最初想把亚马逊命名为"MakeItSo. com"②，这显然是向

① "企业"号星舰来自《星际迷航》，也被译为"进取"号星舰。该影片与乔治·卢卡斯的《星球大战》系列有微妙的对立关系，作者借此突显马斯克与贝索斯之间的抗衡与差异。——译者注

② "Make it so"是《星际迷航：下一代》中皮卡德舰长的口头禅，意为"就这么办"。——译者注

让-卢克·皮卡德（Jean-Luc Picard）舰长致敬，如今两人的外貌竟也有些相似。① 他给自己的狗取名为卡马拉（Kamala），以纪念克里奥斯主星（Krios Prime）的女性变体人——皮卡德"完美"而又遥不可及的"伴侣"。② 在他用来收购得克萨斯沙漠的神秘公司中，有一家名叫泽弗拉姆有限责任公司（Zefram LLC），是为了致敬发明曲速引擎（即使是乌龟有时也喜欢突破光速），与瓦肯人（Vulcans）取得联系的人类科学家。2021 年秋，贝索斯毅然将 90 岁高龄的演员威廉·夏特纳（William Shatner）③ 送进太空。

你可能会满心疑问，这是为什么？这些亿万富翁想在太空中做什么？

双乌托邦记：火星生活

马斯克和贝索斯想让我们离开地球，这可能早就不是什么新闻了。当然，不是让所有人离开：根据这两位富得流油的乌托邦主义者的观点，人类的未来取决于那些有远见、有毅力、有财力前往外太空的人。就像柯克舰长（Captain Kirk）和阿波罗号上的宇航员所面临的处境，太空已成为这些后来开拓者"最后的边疆"：一个到处都是新世

---

① Foer, "Jeff Bezos's Master Plan."
② "Kamala," Fandom, Memory Alpha, https://memory-alpha. fandom. com/wiki/Kamala.
③ 威廉·夏特纳曾在初版《星际迷航》系列中扮演柯克舰长。——译者注

界、遍布无尽财富和巨大危险的地方。2014 年，曼哈顿的"超级精英"探险家俱乐部（Ultra-elite Explorers Club）举办晚宴，同时向马斯克和贝索斯致敬，盛赞两人"彻底改变了太空探索和可持续交通"，这并非巧合。华尔道夫酒店（Waldorf Astoria）为晚宴准备了独具特色的"危险菜单"，主打的是"山羊和羊鞭"、烤鳄鱼等风味菜。① 据报道，贝索斯起身领奖时打趣道："我还在确认我的牙齿里有没有蟑螂。"② 因此，新的企业太空竞赛弥漫着一种奇异的男子气概：经典科幻小说迷与游戏玩家、洛克菲勒（Rockefeller）、印第安纳·琼斯（Indiana Jones）③ 相结合。

众所周知，马斯克和贝索斯是竞争对手，他们争夺合同，在网上互相攻击，争夺全球首富头衔。两人一再证明，无论对个人、职业还是生存来说，他们各自的航天事业至为重要，而庞大的财富是为了实现人道主义目标，换句话说，是为了拯救无数的生命。尽管两人存在许多明显的相似之处，但是他们也有着巨大的差异。这不仅体现在性情和方法上，而且也体现在价值观和愿景上——正如我们所见，贝索斯自称是乌龟，而马斯克则是兔子。归根结底，

---

① Jacobs, "Inside the Ultra-elite Explorers Club"; Davenport, *The Space Barons*, 197.

② Davenport, *The Space Barons*, 197.

③ 印第安纳·琼斯是斯皮尔伯格和乔治·卢卡斯合拍的系列电影《夺宝奇兵》中的主角，其典型形象特征是牛仔帽装扮以及长鞭。他是一名风俗学教授和考古学家，能够使用包括汉语在内的 20 多种语言。他具有无畏的探险精神，生涯中充满了惊心动魄的历险。——译者注

两位亿万富翁出于截然不同的原因，在不同的地方追求不同的东西。

众所周知，马斯克想去火星。早在 2016 年，他就发表宣言称，自己一直以来的目标是在这个红色星球上建立"自给自足的城市"，从而"让人类成为多行星物种"。① 他对自己的所有听众宣扬，地球是一个定时炸弹，早晚会有东西毁灭人类，可能是小行星、核战争，也可能是失控的AI 机器人。他的这一观点来自航空工程师、火星移民倡导者祖布林。他特别担心拉里·佩奇（Larry Page）利用谷歌为所欲为。因此，我们必须寻找其他地方居住。考虑到金星地狱般的条件——平均温度约为 850 华氏度（455 摄氏度），还有"硫酸雨"云层——火星是我们最好的选择。当然，50 亿年后，太阳会膨胀成一颗红巨星，在地狱般炙热的浩劫中吞噬火星和地球。因此，如果我们想要人类永远存在下去，就必须前往另一个太阳系。从进化的角度来看，星系越多越好。我们必须从离家近的地方开始，并且要赶在巨型小行星或 Alexa 5.0 将整个物种消灭之前尽快采取行动。

有时候，马斯克似乎觉得，自己很像在街头拿着纸板牌，上面写着"末日即将来临"的家伙。他否认却又在扮演着疯狂的（抱歉，应该说火星人）先知的角色，他写道："我并没有预言末日即将来临，但最终……末日一定会到

① Musk, "Making Humans a Multi-Planetary Species."

来。"随着世界末日的临近，我们会像恐龙一样灭绝。马斯克认为，这让人完全无法接受，他也从未考虑过这个选项。他说："另一种选择是构建太空文明和多行星物种，我希望你们认同这条正确的道路。"① 那就是前往火星。

马斯克和其他末日预言家一样，不断修改他的时间表。他最初承诺，在 2020 年执行前往火星的载人飞行任务，后来延期到了 2025 年，现在则希望在 2030 年前后将首批人类送往这个红色星球，并计划在 2050 年前将 100 万人送上火星。问题的关键在于，如何让这一事业的成本变得更容易让人接受……一些。若使用传统技术，一张火星的往返票价是 100 亿美元。不过，马斯克预测，一旦他的火箭完全实现循环利用和高效运转，成本可以降至 20 万美元，"这是美国房价的中位数"。② 他相信，如果是这个价格，"几乎任何人"都可以去火星。他们要做的无非是存一点儿钱，卖掉房产（如果有的话），带一个（非常小的）旅行包。

马斯克把自己塑造成 19 世纪的美国大亨，承诺要建立一个堪比横贯大陆铁路（Transcontinental Railroad）的星际运输系统。这条货运路线将在每 26 个月，也就是在两颗行星距离最近的时候，将地球上的物资运送到火星这个新兴的殖民地。一旦火星实现自给自足，以某种方式自主生产

---

① Musk, 46.
② Musk, 47.

食物，制造燃料，开采足够的资源，建立和维持基础设施，
15 殖民地就会逐渐减少对这种补给的依赖。最终，除了运送
乘客和进行一些可能的贸易外，将不再需要其他舰船在星
际之间往返。

马斯克的新殖民地势必会吸引一些雄心勃勃的拓荒者，
也会让舞会后的年轻人兴奋不已。一方面，他承认火星殖
民是一项非常艰巨的任务。在目前的条件下，人们不穿宇
航服就不能呼吸，更不可能**在**火星上停留。火星上大气层
非常稀薄，它会让人体内的所有水分瞬间蒸发，让人立即
死亡。即使穿上宇航服，火星上异常强烈的辐射也可能给
移民带来严重的健康问题。因此，马斯克有时也会承认，
火星就像环境异常恶劣的俄勒冈小道（Oregon Trail）①，
"死亡可能随时会降临，这将是一段艰难的旅程"②。

另一方面，马斯克经常说，火星之旅精彩非凡，就像
太空中的地中海俱乐部（Club Med）③：100 人乘坐 400 英尺
（约 122 米）的"大家伙火箭"进行为期七个月的旅行，永
远也不会"感到拥挤或无聊"。那里有零重力游戏（马斯克

---

① 俄勒冈小道是美国西进运动的一条重要路线，道路崎岖不平，穿越沙漠地
带，基本上只能徒步或骑马通过。后来，为了便于大篷车通过，路况有所
改善。1848 年，加利福尼亚发现金矿后，大批淘金者通过这条小道到达西
部地区。1869 年，随着第一条横贯东西铁路的建成，该小道逐渐衰
落。——译者注
② Musk, cited in Beers, "Selling the American Space Dream."
③ 地中海俱乐部，世界上最著名的国际连锁旅游度假机构之一，遍布全球数
十个国家和地区，宣扬简单、快乐、阳光的度假理念，倡导人与自然和谐
共处的生活方式，让度假者享受美好的旅程。——译者注

非常喜欢弹跳），还有"电影院、报告厅、小木屋和餐厅。整个旅程会非常有趣"。马斯克热情洋溢地说道："你保准会玩得很开心！"①（在这些描述中，马斯克从来没说谁来负责运营餐厅、打扫屋子，以及清理光洁墙壁上的太空呕吐物。在一次采访中，他建议那些负担不起 20 万美元火星之旅的人通过工作来偿还费用，或许这就是他要找的服务阶层：一支由契约仆人组成的队伍。②）

至于火星本身，马斯克承诺说："火星上相当有趣，因为火星上的重力约为地球的 37%，所以你可以举起重物，四处跳跃。"③ 而且，空气的主要成分是二氧化碳，"只需要压缩大气"，那些对人类无用的物质便能轻而易举地促进植物生长。面对"辐射"问题，马斯克竟然说这"没什么大不了的"。④ 尽管他知道火星上"有点冷"，平均温度零下 80 华氏度（零下 62 摄氏度），甚至会达到零下 100 多摄氏度，但他向未来的殖民者保证："我们可以让它变暖。"⑤

究竟如何让一个冰冷的星球"变暖"？曾影响过马斯克的祖布林提议，通过"温室效应"将火星"地球化"；换言之，向火星的大气层释放卤化碳（halocarbons）、基因编辑过的气体细菌或更多的二氧化碳，模仿目前地球变暖的过

16

---

① Musk, "Making Humans a Multi-Planetary Species," 56.

② Hore-Thorburn, "Trust Elon Musk to Make Going to Space Sound Shit."

③ Musk, "Making Humans a Multi-Planetary Species," 46.

④ In Davenport, *The Space Barons*, 244.

⑤ Musk, "Making Humans a Multi-Planetary Species," 46.

程。① 广受欢迎的物理学家加来道雄主张，从土星的卫星土卫六上收集甲烷，然后输入火星的大气层。② 但对马斯克来说，这些方法都太复杂，他建议"核爆火星"。在冰盖上方的空域引爆氢弹，快速开始升温的过程中会释放出成吨的水，让殖民地尽快实现自给自足。

当然，大多数科学家认为，这个方案荒谬无比。天体生物学家卢西阿尼·沃克维茨（Lucianne Walkowicz）警告称，火星在热核反应下虽然会升温，但是大气仍然会因为过于干燥而无法形成降雨；更严重的是，它会毒害所有的生命形态。即使这种方式可取，我们也不清楚通过核爆让火星地球化的计划是否**可行**。俄罗斯航天局的负责人估计，要实现马斯克的核方案，需要一万多枚导弹。③ 马斯克在推特上是如何回应的？当然是"没问题"④。

通过创新工程和不懈的迭代，马斯克承诺火星最终会像地球一样，有河流、湖泊、树木、购物中心和电子游戏。最主要的一个区别是，我们在火星上跳得更高，扔得更远。

也许你对这种星球入侵的幻想不以为然，其实好多人也这么认为。沃克维茨提醒我们，人类在控制自己星球的生物进程方面做得很糟糕。如果我们连地球的宜居性都无

---

① Zubrin and Wagner, *The Case for Mars*, 268.

② Kaku, *The Future of Humanity*, 88.

③ "Elon Musk Will Need More Than 10, 000 to Nuke Mars," TASS, https://tass. com/science/1155417.

④ Elon Musk, Twitter post, May 17, 2020. https://twitter. com/elonmusk/status/1262076013841805312.

法维持，又怎么能在火星上建立栖息地?① 调节一个氧气充沛、气候宜人的蓝绿色星球的生态系统，似乎比让一个尘暴肆虐的星球焕发生机要容易得多。我的意思是说，我们甚至无法阻止气候变化对地球的毁灭性破坏。

17

归根结底，是不为也，非不能也。

如果有人问，为何非要采用把我们送到火星上的方式来"拯救"人类，而不是解决地球上的不公、贫困和气候变化问题? 马斯克经常不屑地说，"去他妈的地球"②，地球已经完了，地球已经成为历史，地球**真的**是最后的纪元。SpaceX 污染破坏了珊瑚礁、湿地和洁净的天空，而且连马斯克也担心，他参与的人工智能可能会毁灭人类。人们应该谴责他加剧了灾难，以至于让拯救计划变得愈加迫切。马斯克先让地球变得完全不适合居住，然后迫使我们赶紧逃离。在这一点上，他就像弗里德里希·尼采（Friedrich Nietzsche）笔下的牧师，先让信众生病，再去治愈他们。③ 牧师先使众人相信自己有罪，再将其从中拯救出来；马斯克则通过加剧地球毁灭，敦促我们离开这个注定要毁灭的星球。

尽管我不愿对一个素未谋面的人做精神分析，但马斯

---

① Raz，"Lucianne Walkowicz."

② Andersen，"Exodus."

③ "毫无疑问，他带来药膏和香油；但是在他成为医生之前，他首先要致人受伤；他止住伤口的疼痛时，也感染了伤口。" Nietzsche，*On the Genealogy of Morals*，3.15.

克的童年经历可能会对我们有所启发。他出生于南非种族隔离时期一个富有的白人家庭，[1] 高中毕业后离开了"贫穷和种族分裂的国家"，移居加拿大，随后到了美国——那片永远孕育新起源的乐土。[2] 这段经历与他渴望离开地球，在火星上寻求新生的愿景颇为相似。尽管火星充满了不确定性，环境也非常恶劣，但它是一个**新**"世界"。在火星这片新的美洲大陆上，我们有机会摆脱过去的一切，重新开始；在火星上，我们最终有可能建立一个乌托邦。

乌托邦（Utopia）一词源于希腊语单词"topos"，意为"地方"。首字母"U"为否定前缀，表明该词具有否定意义。从词源学上讲，"utopia"的意思是"乌有之地"。正是这种不确定性，这种位置缺乏感，这种永恒的模糊性，让乌托邦主义得以蓬勃发展。如果它不存在于任何地方，也从未真正实现过，那么它可以成为你想象的任何事物。一些经典的乌托邦主义者——柏拉图、托马斯·莫尔（Thomas Moore，该术语的发明者）、马克思和恩格斯等，为我们清晰地描绘了他们的理想社会：阶级被具象化或被消灭，金钱统一分配或被废除，等等。相比之下，马斯克提供的则是一种没有乌托邦的乌托邦主义。在他的励志演讲或商业计划中，没有任何社会或政治方案，有的只是对"自由"的抽象承诺：远离地球，远离国际管制，远离地心引力，

---

[1]　Vance, *Elon Musk*, 23 – 44.

[2]　Russell and Vinsel, "Whitey on Mars."

甚至远离死亡——至少是整个物种层面的灭亡。他没有敲定细节，因为细节会"破坏"完美。总之，火星上棒极了。

待在太空舱①

然而，贝索斯并不这么想。他始终认为，火星非常糟糕。我们向太阳系所有的行星发射过探测器，"相信我，地球是最好的星球。这里有瀑布、海滩、棕榈树、美妙的城市和餐馆……在相当漫长的时间里，你在地球外的任何地方都找不到这些事物"。② 贝索斯像早先的卡尔·萨根（Carl Sagan）③ 一样，相信我们的太空之旅会呈现我们这个"淡蓝色的小点——我们所知的唯一的家园"的罕见之美。④

马斯克也知道贝索斯所说的萨根，但他并不认可这位宇宙学家，而是试图超越他。在最近的一次访谈中，马斯克朗读了一段萨根高亢而又内省的文字，但他真正的意图似乎是对它进行修正。"我们的星球是无边黑暗的宇宙中一粒孤独的尘埃，"马斯克语气平淡地读道，"至少在可以预见的未来，人类无法找到可以移民的地方。"

"这不是真的，"马斯克抬起头笑着说，似乎一切显而

---

① 大卫·鲍伊单曲《太空怪谈》中的一句歌词。——译者注
② Bezos, cited in Davenport, *The Space Barons*, 259.
③ 卡尔·萨根（1934—1996），美国天文学家、天体物理学家、宇宙学家、科幻作家，行星学会的成立者。小行星2709、火星上的一个撞击坑以他的名字命名。——译者注
④ Sagan, *Pale Blue Dot*, 7.

易见，"这是假的。火星就可以。"

"我觉得萨根肯定同意你的观点，"采访者低声回应道，"只是移民火星在当时超出了人类的想象。"①

然而，贝索斯绝不认为萨根会同意马斯克的观点。"整天幻想移民火星的朋友们，"贝索斯说，"你们为何不先去南极洲生活三年，到时再看看自己是怎么想的？与火星相比，南极洲简直是个天堂乐园。"② 自萨根生活的时代以来，我们关于太阳系的知识在不断增加，我们认识到月球上有水，火星上可能有生命，金星有毒的云层中可能存在微生物。但是贝索斯依然认为：地球独一无二，必须不惜一切代价去保护它。因此，如果马斯克热衷于"去他妈的地球"，贝索斯则决心拯救地球；如果马斯克用他向往之地将公司命名为 SpaceX（直译为"未知空间"），贝索斯则用他的诞生之地将公司命名为"蓝色起源"——一个"宝石"般被叫作地球的星球。③

那么贝索斯将如何修复、保护人类的蓝色起源？如何守护我们美丽的地球？答案依旧是赶紧逃离这个星球。贝索斯所讲的故事和马斯克一样，也是从即将到来的灾难开始，但他开篇的角色是地球的生态系统，而不是人类。马斯克担心地球上可能会发生毁灭人类的灾难，贝索斯则担

---

① John Carlos, Twitter post, February 14, 2021, https://twitter.com/JohnCarlos/status/1361093240280129541.

② Bezos, cited in Davenport, *The Space Barons*, 258.

③ Bezos, cited in Davenport, 259.

心人类给地球带来的压力越来越大。对贝索斯来说，问题在于能源：我们正在过度消耗它。随着人口的不断膨胀和"现代化"，处在全球工业化的人类将在下个世纪达到某种绝境。简单来说，人类所能获取的一切能源，无论是来自地球的内能、风能还是太阳能，加起来都不足以维系整个星球的消耗，无法支撑所有一流医院、尖端电子设备、大教堂、超级商场、屠宰场和工业化农场。我们需要更多的能源，所以我们必须进入太空。

贝索斯比马斯克更有哲学头脑，他考虑了一些反对意见。提高产能不会拯救我们，因为无论安装多少太阳能电池板或LED灯，地球和它的资源都是有限的。唯一真正的替代方案是减少能源的使用，但这需要"定量配给"，甚至可能是"人口控制"，而贝索斯无法容忍任何一种情形。他说"这完全与自由社会的原则相悖"。地球上这种可持续生活面临的最大问题是，"它极其乏味。我希望子孙后代的人均能源消耗量超过我。要做到这一点，唯一方法就是进军太阳系"[1]。

因此，90年代初那句马克思主义格言是对的：我们更容易想象世界的末日，而非资本主义的末日。[2] 对于"资源"开采、无休止逐利和工厂化养殖造成的浪费和残忍，贝索斯并没有提出替代性的方案，也没有用他超凡的智慧解决食品分配问题，更没有用他巨额的财富惠及全民（或

20

---

[1] Davenport, 260.

[2] 通常认为这句话出自弗雷德里克·詹姆逊（Frederic Jameson），但也有人认为是斯拉沃热·齐泽克（Slavoj Žižek）。

支付少许联邦税），而是耗费金钱和时间把整个糟糕的系统转移到太空。当然，还有一种选择，就是"停滞"甚至倒退，而贝索斯想要继续"前进"，所以他必须向上、向外进军。

贝索斯的行动方案如下：在月球上建造一系列基地，而不是一路跋涉前往火星。我们在每个基地安装太阳能电池板，能够比在地球上获得更多的太阳能；我们开采月球上的水，将其元素分裂和重新组合成火箭燃料；使用比在卡纳维拉尔角（Cape Canaveral）① 更少的能量执行小型太空采矿任务（月球的逃逸速度低于地球），开采小行星上的重金属和稀土金属，进而开始在地球和月球之间建造数英里长的自由漂浮居所。

是的，你没看错：建设巨大的太空舱。这一想法来自普林斯顿物理学家杰拉德·奥尼尔（Gerard O'Neill）。20 世纪70 年代中期，奥尼尔就开始提议，将所有的重工业和大部分人口转移到太空。在小行星和月球上开矿建厂，在巨大的圆柱管道中布局住宅、娱乐和商业活动，利用圆柱管道的旋转模拟重力，并将其置于"拉格朗日点"（Lagrange points）以保持轨道的稳定。贝索斯曾在大学听过奥尼尔的讲座，如今仍然是他的忠实信徒。贝索斯承诺，自己的太空舱将"全年媲美毛伊岛（Maui）最美好的一天，那里没有雨，没有风暴，

---

① 卡纳维拉尔角：附近有肯尼迪航天中心和卡纳维拉尔角空军基地，美国的航天飞机均从这两个地方发射升空，所以该地成为美国航天的代名词。——译者注

也没有地震"①。在气候可控的伊甸园里，我们将拥有在地球
上所喜爱的一切，比如空气、树木、鸟类和海滩，我们讨厌
的东西将无处容身，奥尼尔信誓旦旦地说，我们将不再遭受 *21*
蚊子的骚扰。与此同时，地球母亲将迎来久违的休憩。

图1.2　环形殖民地外景图

图片来源：NASA 艾姆斯研究中心（NASA Ames Research Center）

---

① Bezos, "Going to Space to Benefit Earth." 毛伊岛，美国夏威夷州的岛
屿。——译者注

　　所有的重工业和大批人类将迁离地球，而地球则可以划分为轻工业区、住宅和娱乐场所。简而言之，地球将变成一个行星公园，一个度假胜地，一个上大学的好地方。

　　与此同时，人类在太空中拥有无限的能源，可以随心所欲地玩电子游戏，大量繁衍生息，食用短吻鳄和山羊鞭。根据贝索斯的估计，奥尼尔设想一个入侵的太阳系理论上可以养活一万亿人。他说："那时将会出现一千个莫扎特，一千个爱因斯坦。多么炫酷的文明！"①

图1.3　环形殖民地内景图

图片来源：NASA 艾姆斯研究中心

---

① Bezos，"Going to Space."

不过，我们也可以给出言简意赅的反驳：按照这种逻辑，也会产生一千个希特勒和斯大林。但是贝索斯把难题留给了他特意安排在前面听讲座的理工科学生，让他们去解决具体的细节问题。我们将如何建造奥尼尔所说的殖民地？使用什么材料？实行什么政治制度？贝索斯完全不清楚。他只负责基础设施建设，至于细节的问题则让未来的大思想家们来敲定吧。

比如马克·扎克伯格（Mark Zuckerberg，贝索斯总是以扎克伯格为例），他和室友之所以能创建脸书（Facebook），彻底改变从广告到社会关系的一切，是因为基础设施已经到位。当时互联网已经开始运转，电力公司为他们的宿舍提供照明，大学为他们提供教育和社交，小型的工人队伍负责餐饮和清洁卫生，道路和桥梁为他们的保暖和生存源源不断地提供物资保障。（不过，这些都是我的推论。关于支撑创建脸书甚至亚马逊的"基础设施"，贝索斯只提到了互联网、银行和美国邮政系统，却忽略了维系这些基础设施的运输、保管和营养等基础设施。但是似乎很有必要指出，贝索斯和扎克伯格"白手起家"建立起来的财富，需要所有的这些社会和产业服务。）

简而言之，贝索斯想在太空中完成的事业是在为"太空中的扎克伯格们"铺平道路，为他们超越我们想象力的创造性工作提供基础设施。为此，他的团队设计了以艾伦·谢泼德（Alan Shepard）命名的亚轨道火箭和以约翰·

格伦（John Glenn）① 命名的轨道火箭。新谢泼德火箭已经载着乘客进行了 11 分钟的失重之旅，而新格伦火箭则会将大量货物送入轨道，用来"建造通往太空的道路"。人们用"蓝月亮"（Blue Moon）这个颇具怀旧色彩的名称为一个月球着陆器命名，它将运送充足的人员和物资，"维持人类在月球上的生存"。② 简而言之，贝索斯将建立许多外星道路和桥梁，以便未来的企业家们能够弄清楚如何运用它们。贝索斯将为未来的"贝索斯们"和"扎克伯格们"，甚至是"马斯克们"（一旦他们受够了火星上的放射性沙尘暴）铺平道路。

这就是两个乌托邦："去他妈的地球，占领火星"和"开采宇宙，拯救地球"。

公众也开始躁动起来。尽管美国普通中产阶级可能随口会说自己"反企业"，但是我们还是热衷于风驰电掣的特斯拉和亚马逊的当日达，尤其是他们让我们觉得自己在做一些道德高尚的事。一份大学报纸指出，马斯克和特斯拉正在"通过变得优秀来拯救地球"。③ 福尔在《大西洋月刊》上的报道也说，美国人对亚马逊公司的"信心"几乎超过了"任何其他美国机构"，包括军队。④ 订购一个密封

---

① 艾伦·谢泼德，美国历史上第一位、人类历史上第二位进入太空的宇航员；约翰·格伦是美国首位环绕地球飞行的宇航员。——译者注

② "Blue Moon," Blue Origin, https://www.blueorigin.com/blue-moon/.

③ Roberge, "Elon Musk and Tesla."

④ Foer, "Jeff Bezos's Master Plan."

罐的三件套，第二天就能足数到货，完好无损。你只需要搞明白怎么打开特斯拉的门，充电一次就能续航 200 英里（约 322 千米），可以梦幻般提速，超短距离制动，还能推荐当地餐馆，用低俗笑话和电子游戏娱乐乘客。贝索斯和马斯克创办的公司都很成功，为什么不相信他们为我们设想的太空未来的愿景呢？

当然，这两种愿景都很遥远。到目前为止，还没有人去过火星，没有人在小行星上采矿，半个世纪没有人在月球上行走了。但与此同时，"新太空狂人"已然一团乱麻。马斯克发射的星链卫星已经用完获批的近地轨道高度，正在逐渐挤占授权给亚马逊柯伊伯（Kuiper）卫星的区域。他坚持认为，既然亚马逊还没有使用这个空间，就应该允许星链使用。① 天文学家和空间生态学家不断发出警告，太空已经十分**拥挤**，布满了废弃卫星、现役卫星、油漆碎片、弹片和国际空间站。它们以每小时 18000 英里（约 28968 千米）的速度运转，任何碰撞都是灾难性的。我们有能力制造这种致命的垃圾，却没有可靠的方法清理它们。（到目前为止，最有前景的方法可能就是用太空鱼叉捕捉飘过的垃圾。**太空鱼叉！**）

太空探索一片混乱，但贝索斯、马斯克和越来越多的小型太空企业家们依然毫不动摇，他们承诺将会推出成千上万颗卫星、亚轨道旅游、轨道旅游、私人空间站、太空

① Roulette. "Elon Musk's Shot at Amazon."

酒店和价值高昂的小行星，所有这一切都被视为通往太空美好未来的手段。通往乌托邦的旅途，到处都是极度自负的人和疾驰的太空垃圾。

25　　　说到这里，人们可能会开始怀疑，是否还有理智的成年人。有人会为此负责吗？

私营太空

一言以蔽之，未必有。在所谓新自由主义主导的经济战略下，"太空"是大规模放宽管制和私有化的领域。这是一个漫长而曲折的故事，充满了诉讼、反诉讼和沮丧的富人，但我们在此主要讨论21世纪前25年的两个关键事件。

第一个关键事件是，奥巴马总统决定取消重返月球的"星座"计划，该计划旨在接替停滞不前的航天飞机事业。据说，联邦太空计划进度缓慢，耗资巨大，早已让NASA内外的顾问们感到厌倦。加来道雄指责道，NASA"几十年来一直在浪费时间，探险人类已经涉足过的地方"[1]。2010年"报税日"[2] 当天，奥巴马在肯尼迪航天中心的演讲中宣布，计划将航天业移交给私营部门，以此来刺激这一行业的发展。当然，并不是完全私有化，而是通过减轻纳税人的负担，裁减数千名联邦雇员，从而"加快创新的步伐"。

---

[1] Kaku, *The Future of Humanity*, 11.
[2] 根据美国国税局的规定，每年的4月15日是个人所得税申报的最后期限。——译者注

26

图 1.4 2010 年 4 月 15 日，奥巴马总统在马斯克的陪同下，
参观了位于佛罗里达州卡纳维拉尔角肯尼迪航天中心的 SpaceX

图片来源：白宫官方照片，由查克·肯尼迪（Chuck Kennedy）拍摄

尽管奥巴马对这些裁减的员工表示遗憾，但他相信他们可以在别的地方找到工作，即蓬勃发展的私营航天业。他认为，随着竞争政府合同的公司日益增多，太空私有化将会降低成本，"重振 NASA 及其使命"，使美国不必再依赖俄罗斯的帮助就能将宇航员送入轨道。尽管奥巴马在首届任期上任一年多后宣布了这一决定，但放宽管制和私有化的转变早已开始。在奥巴马上任之前，SpaceX 就已经被选定为这次转型的主要受益者。截至 2008 年年底，该公司赢得了 16 亿美元的联邦合同。就在五年前，该公司斥资 15 亿美元，用卡车载着火箭横穿美国，只是为了引起政府的注意。

然而，即使经过重大重组，私营公司也仍然只是扮演政府承包商的角色。自太空时代以来，波音公司和洛克希德·马丁公司承包了政府订单，如今 SpaceX 和蓝色起源等新公司追随它们的脚步，竞相为 NASA 执行重要飞行任务，依然在联邦计划的指导下运作。为了实现奥巴马及其合作伙伴设想的技术和商业爆炸式发展，私营公司需要在太空中追求自己的愿景——毕竟，很难让投资者相信把新鲜水果和干净衣服送至空间站能算作梦想。这对股东有什么好处？

2015 年 11 月，共和党领导的众议院和参议院罕见地达成一致，通过了《商业太空发射竞争法案》（Commercial Space Launch Competitiveness Act）。[1] 然而，在此之前，宇

---

[1] H. R. 2262—U. S. Commercial Space Launch Competitiveness Act, https://www.congress. gov/bill/114th-congress/house-bill/2262/text.

宙投机者的前景似乎非常黯淡。该法案宣布，"任何一个美国公民"从小行星或行星上"取回"的物品，都可以由该公民拥有、使用和出售。换句话说，企业（根据美国法律，企业也被视为"人"）可以从太空中获取资源并且从中获利。对于这项法案，行星资源（Planetary Resources）和月球快递（Moon Express）等新兴太空资源开采公司非常欢迎，因为它允许在太空领域进行工业"发展"。如今终于有法子可以从太空中盈利了。

尽管无数法律学者质疑，美国是否有权决定其公民对外星矿物的所有权，但恐怕没有人能阻止美国政府。我们将在后续章节中探讨错综复杂的国际空间法。但此项法案颁布后，美国公司就着手以极快的速度占据、钻探、移居外太空。联合国要么会在某个时刻开始加以干预，要么压根儿就不会插手。

奥巴马私营化太空的创举，无疑给 NASA 注入了一针强心剂。仅仅几年后，副总统迈克·彭斯（Mike Pence）便开始抨击前任政府，同时重申坚持航天业向私营部门转变的方针，他向新组建的国家太空委员会（National Space Council）宣布，美国将"采取任何必要的手段"重返月球，实施登陆火星的任务。[1] 彭斯断言，在理想的情况下，NASA 将主导这类项目，然而在奥巴马执政期间，该机构再次陷入"分析瘫痪"，而俄罗斯和中国则继续加速推进他们的航

28

---

[1] Pence, "Address."

天事业。下一批登上月球的人必须满足以下条件，即"美国宇航员乘坐美国宇航团队在美国领土发射的火箭前往月球"。如果 NASA 完不成这一任务，总会有人能做得到。"如果商业火箭是未来五年内让美国宇航员登上月球的唯一途径，"彭斯耸了耸肩说，"那就用商业火箭。"

他向 NASA 传递的信息是："加倍努力"，否则，我们就将任务交给马斯克、贝索斯或布兰森负责。因为他承诺说，不管以何种方式，**我们都要前往月球**，重返月球。第二天，《华盛顿邮报》（*Washington Post*）发表了题为《迈克·彭斯大胆引领美国重返人类涉足之地》（Mike Pence, Boldly Sending America Back to Where Man Has Gone Before）的社论。

"让我们满怀信心，一往直前，"正如人们所料，彭斯以虔诚的信念作结，"让我们满怀信仰，勇往直前。"他眯着眼睛，微微颔首，尽力展现出真诚的样子，列举了我们需要信仰的事物：美国，美国人的智慧，美国人的勇气，以及美国人的开拓精神。"最后，"他感慨道，"让我们，嗯，让我们同时也满怀另一种信仰。"这种信仰让我们坚信，下一批优秀、勇敢的美国人"将不会独自"前往太空。此时，彭斯的辞藻开始变得非常华丽：

> 亿万美国人珍视这个国家漫长、传奇的开拓史。让我们相信，如"旧书"所言，我们足迹所到之处，皆有圣灵相伴。如果我们乘着黎明的翅膀升起，如果

我们到大洋彼岸定居，**哪怕我们升到天上**，他的手也
会指引我们。（掌声）他的右手将紧紧托住我们。（掌
声雷动）

我要花点时间分析一下这段话，因为它显然是借助宗教将
各种世俗的愿望凝聚在一起。彭斯说的是，万一军事、技
术和经济理由都站不住脚，也有神谕可以证明，我们在做
正确的事。

首先，我要指出的是，根本就没有所谓的"旧书"
（Old Book）之说。彭斯似乎把这一名号与"旧约"（Old
Testament）混为一谈，他所指的其实是《圣经》，一些基督
徒称之为"良善之书"（the Good Book）。显然，彭斯想要
展示的是自己对《圣经》的熟稔，但是他的结语表明，他
显然并不知道自己在说什么。没有人会把《圣经》称为
"旧书"——是的，没有人，除了一些 19 世纪致力于在美
国"复兴基督教"的宗教复兴主义者。① （或许，这也是彭
斯在做的事。）

《旧约·诗篇》第 139 章写道，无论我们前往何方，神
都会指引我们。这种崇高的语言表明，人们相信神无所不
在，甚至不可逃避。我无论走到哪里，无论是好是坏，都
无法逃避神。《诗篇》作者说，无论我躺卧或起身，在陆上

---

① 参见"Believes the Whole Book," *Chicago Chronicle*, April 2, 1897, https: //
www. newspapers. com/clip/76063969/moody-the-old-book。在此向彼得·曼
索（Peter Manseau）致谢。

或海里，在天上或阴间，"你的手必引导我，你的右手也必扶持我"。① 当彭斯在这段话中提及受指引的"亿万美国人"时，他重申美国拓荒思想中所蕴含的神圣许诺。神曾经指引朝圣者在"新世界"建立圣地，指引他们的后代向西部扩张，如今神正在召唤美国人前往太空开拓新的边疆。

在彭斯向国家太空委员会发表演讲一年后，特朗普总统的发言引发了媒体和学术界的小规模抗议，他宣称我们在太空中的未来是美国的"昭昭天命"②。这一信条是19世纪西进运动的产物，它借用神的意志（或许正如"旧书"所述）为夺取原住民土地的行径辩护。尽管彭斯似乎不愿使用"**昭昭**"一词，但他引用《诗篇》第139章，显然是在传达同样的思想。事实上，他将这一古老的信条延伸至无垠的太空：当"我们"漂洋过海来到美洲时，当"我们"与英军作战时，当"我们"涉水过河时，当"我们"在山上开采黄金时，神始终与"我们"同在；"即使我们升到**天上**"，神也会在那里。

尽管特朗普和彭斯对神的呼吁并非虔诚的信仰，而更像一套说辞，但是它们会得到特朗普的福音派基督徒选民的支持，也会让世俗受众产生一种庄重的使命感。NASA、SpaceX和蓝色起源的大多数工程师及其众多网络信徒，可能会因为他们带有宗教色彩的工作而颤栗。然而，正如特

---

① Psalm 139:10 (NRSV).

② Armus, "Trump's 'Manifest Destiny' in Space."

朗普和彭斯明确表示的那样，人类肩负着开拓未知领域的**使命**，这种观点显然是宗教的产物，如今它仍然推动着当代的太空探索计划，为我们占有探测器所到之处提供理据。

即使我们在月球上开采资源，将太空商品化，住在地中海俱乐部的太空舱里；即使我们不**相信**据说能主宰一切的神，但"旧书"使我们相信，宇宙是我们的。所以，我们要回归《圣经》。

第二章

创造与征服

征服土地……要是刨根问底，并不是什么光彩的事。

　　　　　　　　　　　　——约瑟夫·康拉德

传承

曾祖母不能再主持逾越节家宴后，直接跳过她那个脾气暴躁、信奉无神论的儿子，把祈祷书《哈加达》（Hagga-dahs）交给了她的孙子，也就是我父亲。父亲是个更为乐观一些的不可知论者，被取名叫约书亚（Joshua）。父亲承诺以后会主持这一年度仪式，使其带有我们家族特有的各种不敬、感恩和批判性插话。

逾越节是为了纪念神拯救以色列人摆脱奴役、获得自由的节日。传说摩西（Moses）分开红海，使以色列人得以逃离埃及，之后进入西奈旷野接受"十诫"，并与约书亚一起渡过约旦河来到迦南地，也就是神应许给亚伯拉罕（Abraham）后裔的"流奶与蜜之地"（《出埃及记》3:17）。

"愿明年此时所有以色列人都获得自由！"家宴主持人说道，接着邀请家中最小的孩子吟诵"四问"①。"愿巴勒斯坦人也获得自由。"一个人突然插话打断了仪式，哀悼起

---

① "四问"是逾越节家宴的重要组成部分，由桌上最年轻的人问关于逾越节的四个问题，以突出其习俗和食物与一年其他时间的差异。虽然被称为"四问"，其实是围绕着一个问题——"为什么今晚与众不同？"的四个问答，它们从四个方面表明逾越节的特殊性。——译者注

那些被神淹死在海里的埃及人。

32　　"还有委内瑞拉，"另一个人也插了一嘴，"以及世界各地的难民。"

　　"愿警察不再杀害黑人。"

　　"阿门。"

　　终于要到"四问"的环节了，可是又有人出来打岔，提起父亲四岁第一次吟诵时，祖父教了他错误的问题。小约书亚在大人们虔诚的注视下站了起来，**没问**"为什么今晚与众不同"，因为祖父不是这样教他的，而是说"宗教是人民的鸦片。除了你身上的枷锁，你不会失去任何东西"。

　　"我到底为什么要参加逾越节家宴？"祖父总是在初春时给我打电话抱怨。"我为什么要在意几千年前决定造神的一群人在哪里流浪？"我从来没给过他一个像样的答案（"嗯……哪怕是机智巧妙的回答"），但不管怎样他都会出席，面带愠色地坐在角落的椅子上。当有人转变话题，谈论狡诈的政客、全民医保或者塞雷娜·威廉姆斯（Serena Williams）① 时，他才会活跃起来。

　　无论你秉性如何，可能都会和我已故的祖父一样好奇：一本关于外太空的书为何会说起《圣经》故事？毕竟，《圣经》记载的是古老的过去，而太空则是我们梦寐以求的未来。《圣经》围绕着信仰和仪式展开，而太空则是科学和技

---

① 塞雷娜·威廉姆斯（1981— ），美国职业网球选手，多次获得澳网、法网、温网和美网等四大满贯赛事的冠军，她曾为女性、非裔美国人等群体积极发声。——译者注

术关注的领域。我们究竟为何将二者联系在一起？

*　　*　　*

从上一章中我们得知，彭斯和特朗普双双宣称，美国占领外太空的行为显然获得了神的许可。这种利用宗教言论为政治统治辩护的策略，尤其是在美洲，有着漫长而又不光彩的历史。正如《圣经》研究专家迈克尔·普莱尔（Michael Prior）所说，"殖民者总是寻求某种意识形态的信条来为他们的行径辩护"，越是充满暴力和剥削的事业，越是鼓吹崇高的理念。① 从征服"新世界"到建立南非种族隔离制度，再到冷战时期的太空竞赛，建造帝国的计划向来宣扬"利他主义的动机"，并一再坚持这是在推进神圣的命运。②

人们可能还记得，当桑德斯炮轰马斯克"为富不仁"时，马斯克为自己辩护说，要"将意识之光延伸到太空"；贝索斯则吹捧自己为子孙后代和扎克伯格的后继者们打造的未来。在这些宏大，看似无私的动机背后，掩盖的是属地主义、经济不公、军事勾结、科学合谋和对环境的肆意妄为——它们才是"新太空"计划的动力。身处这群信徒之中，若有人胆敢质疑这一愿景（我试过），就会被救赎人

---

① Prior, "The Right to Expel," 9.

② Prior, *The Bible and Colonialism*, 177.

类的虔诚咒语所噤声。相较于《旧约》和《新约》，经典科
幻作品对当代太空迷的影响更大，但我们所说的《圣经》
文献确立了产生和维持"新太空"竞赛的主要原则。虽然
听起来有些夸张，但我坚持认为，我们有必要回到《圣
经》，因为没有《圣经》，我们就无法理解西方的政治、伦
理和科学，正是这些领域为异世界的"新太空"使命提供
了辩护。

世俗文化的神圣根源

西方世俗主义是西方宗教的直接产物，这一观念至少
可以追溯到尼采（1844—1900）。尼采因其神秘的宣言"上
帝已死"而声名远扬，他致力于通过极具强烈感伤色彩的
作品，打破犹太教和基督教对现代世界的束缚，让不同的
价值涌现出来。尼采认为，现代世界的问题主要出在心理
上：一神教否定快乐，制造一种负罪感，使我们——不论
是否信教——变得无法忍受自己。这些"犹太"理念借助
基督帝国在全球广泛传播，即使是我们这些自认为"自由、
非常自由的灵魂"，也在竭力否定内心一切强大、健康和积
极的东西。① 简而言之，尼采指责基督教把我们变成了**虚无
主义者**。

尼采声称，原罪的教义是一切的罪魁祸首。在他看来，

---

① Nietzsche, *On the Genealogy of Morals*, 3. 24.

与欧洲帝国主义结盟的基督教宣扬，所有受造物都是"堕落的"，都会受到诱惑。既然我们把世界搞得一团糟，那么我们只能放弃世俗的欢乐，承受痛苦，这样才能使自己有资格进入天堂，在那里终将获得幸福、健康和自由。（你能看出这与马斯克火星计划之间的相似之处吗？）

·尼采不相信**有**天堂，这一点或许并不让人意外。天堂绝非存在于某个"地方"，而是神父为了维持权力和安抚民众编造的概念。尼采愤怒地感慨道，"哦，人类这只疯狂、可怜的野兽"①，竟然臣服于自己编造的神，否认这个世界——**这整个世界**——的重要性，寄希望于另一个根本不存在的世界。这就是尼采所说的基督徒**虚无主义者**（nihilists，从 nothing 的拉丁语演变而来）：他们不相信现实存在的世界，却相信不存在的世界。实际上，他们什么都**不信**。

正如尼采所言，崇尚虚无的宗教意志催生了虚无主义**政治**（想想那些从未实现的乌托邦）、虚无主义**道德**（想想那些让富人一直富、穷人一直穷的温和改良派的"慈善"）、虚无主义**文化**（比如那些只会让我们更加憎恨自己的自我鞭笞行为、饮食和护肤方案），以及它的最高成就——虚无主义**科学**。

宗教孕育科学？尼采知道这听起来很奇怪。当我在出租车和飞机上说起我教授和写作的主题时，总会有人充满疑惑地问道："科学和宗教？它们不是对立的吗？"

---

① Nietzsche.

"不！"尼采大声回应说，"当我寻找（宗教）的天然对立面时，别和我谈科学。"① 人们几乎可以听到他急促的呼吸声和用力的跺脚声。在此我想用一种比尼采更委婉的方式阐述这个问题，但关键是世俗科学和它的神圣祖先一样，都否定现实世界的存在。想想科学家在实验室里、电脑屏幕旁、望远镜前耗费的那些苦行僧般的时光——他们像朝圣者一样热切地寻觅**真理**，并且相信真理绝不是被创造出来的，不是主观的，而是永恒和普遍的。

科学是宗教的直系后裔。如果认真思考一下，这并不是多么稀奇古怪的说法。二者都具有一些普遍的主张和令人心神俱疲的仪式。科学家承担着神职人员的职能，说着一种无人能懂的语言，声称可以直接接触真理，然后将其翻译并传播给我们；医生所做的诊断和治疗工作，在其他文化中则由萨满、驱魔人、拉比、灵媒和牧师来承担；宇宙大爆炸和自然选择的宏大学说试图取代我们关于创世神和混沌神的故事。

从这个角度来看，科学似乎继承了宗教的许多价值和功能。但问题在于，这种谱系是否重要。我认为它非常重要，因为现代科学也有了帝国基督教的虚无主义特征，至少是那些热衷于推进军事和金融的科学事业。总之，体制化的科学接受了帝国基督教否定世界，甚至毁灭世界的思想。这种思想认定自己就是**真理**，而非某种意识形态。

---

① Nietzsche, 3.25.

美国约会软件"火绒"（Tinder）前首席产品官最近发推特称，他认识的最聪明的人都具有"物理学背景"。马斯克对此回应道："物理寻求真理，是最严谨的。"① 事实上，自尼采以来，情况并没有多大的改变。西方"科学"和西方一神论一样，也相信唯一的真理，即真理不是创造或发明出来的，而是存在于某个"外在的"地方，等着被发现和被信奉。

＊　　＊　　＊

不断升级的环境灾难是现代科学继承宗教遗产最明显的地方。至少历史学家林恩·怀特（Lynn White）深信这一 36 点。他受蕾切尔·卡森（Rachel Carson）和其他早期生态学家的启发，在 20 世纪 60 年代中期就认识到，地球正面临着严重的危险。我们需要采取措施改善对地球造成的破坏，如森林砍伐、物种大量绝灭和严重污染等。但是怀特坚持认为，采取的"措施"不能只是增加科学和技术含量，毕竟它们本身就是造成问题的原因。他强调说，关键在于"重新思考我们的公理"，洞悉其来源；② 关键还在于揭示"我们生态危机的历史根源"，这样我们才有可能在别的土地上落地生根。

---

① Elon Musk, Twitter post, June 12, 2021, https://twitter.com/elonmusk/status/1403921214234447890.

② White, "Historical Roots of Our Ecologic Crisis," 1204.

怀特在过去不同的历史阶段中挖掘根源。在他看来，今天的环境危机可以追溯到 19 世纪"科学和技术的联姻"，那时**对自然的认识**等同于**控制自然的权力**。[1] 他进一步指出，西方最迟于 12 世纪末开始控制自然，那时的大型磨坊已经开始使用风力。西方控制自然的历史甚至可以追溯到 7 世纪，当时轻微划开土地的刮地犁被"粗暴"地深翻土地的轮犁所取代。因此，根据怀特的说法，西方技性科学发展的真正转折点是"基督教对异教的胜利"[2]，发生在人类开始控制自然之前。

怀特到底在说什么？基督教战胜异教与正在摧毁我们星球的技性科学有什么关系？

首先，我有必要指出，"异教"一词对理解这个问题毫无帮助。事实上，直到 19 世纪，人们也不会称自己为异教徒。更确切地说，"异教"（paganism）是个"包罗万象的贬义概念"，用来指代非犹太人和非基督徒。[3] 从这个意义上说，它类似于"原始信仰"（heathenism）或"偶像崇拜"：所有崇拜非以色列神的人都被归为**异教徒**。异教徒（pagan）一词源于拉丁语，有"普通人"或"平民"之意。因此，在大部分历史时期，**异教**指的是被一神论者视为不成熟和不真实的教义和实践。

37　　在《新约·马太福音》中，复活的耶稣告诉门徒：

---

[1]　White, 1203.

[2]　White, 1205.

[3]　Brown, "Pagan."

"你们要去……使万民作我的门徒，奉父、子、圣灵的名给他们施洗。"（《马太福音》28：19）一旦"使万民作门徒"的使命与罗马帝国主义相结合，耶稣的指示就成了转化或消灭任何地方的"异教徒"的正当理由。因此，盎格鲁–撒克逊人、东欧人、希腊人和罗马人、北非人、撒哈拉以南非洲人、澳大利亚原住民、北美人、南美人、北印度人以及南印度人的神祇，都被亚伯拉罕、以撒（Isaac）和雅各（Jacob）的神系统地取代了。这位神通过拿撒勒的耶稣向世人显现，经由使徒保罗广传其道，并与世俗帝国结盟。

但是基督教驱逐"异教徒"与现代科技和生态破坏到底有什么关系？

尽管欧洲、美洲、澳大利亚、非洲和印度的"异教徒"创造了千差万别的伦理和神话，但近代早期学者发现了一种普遍倾向，欧洲人类学家称之为"泛灵论"（animism）①。泛灵论源自拉丁语，意为"精神"或"灵魂"，认为自然界的"万物"（如森林、河流、岩石和树木）都是有生命、有知觉、有个性的生物，有些甚至是神圣不可侵犯的。例如，在盎格鲁–撒克逊文化中，"人们在砍树、开采矿山、溪边筑坝之前，需要安抚各自的主管精灵，避免使其感到被冒犯"②。然而，随着基督教的入侵，这些超越人类的生物不

---

① 关于该术语的历史、被滥用以及潜在转变的批判性论述，参见 Bird-David，"'Animism' Revisited"；Harvey, *Handbook of Contemporary Animism*。

② White, "Historical Roots of Our Ecologic Crisis," 1205.

再有生命。在基督教的世界观里，**不存在**树人或河神，所以在改变、利用或虐待它们之前，没有必要恳求或安抚它们。"通过摧毁异教的泛灵论，"怀特解释说，"基督教使人们在开发自然时，完全无视自然物的感受。"①

我们可能注意到，怀特使用了"物"一词。他想表明的是，基督教战胜异教使人的世界变成了物的世界，我们在此也终于可以看到基督教与生态危机之间的联系。由于西方技性科学将对自然的"认识"等同于对自然的"权力"，因此自然世界是由物而非由人组成的。毕竟，如果山顶是人类的祖先，那么我们就不能移动。如果石头是活的生命，我们就不能开采。如果森林有灵魂，我们就会犹豫是否砍伐一空。如果河流是神圣的，我们就不会排放放射性废物。如果鼠科动物是我们的亲属，我们就不会在它们身上测试有毒的化妆品。如果土地是神圣的，我们可能就不会过度垦殖其每一寸生命。我们会与自然和谐共存，而不是肆意掠夺，让大自然得以休养生息，只取所需，尽力给予回馈。但是由于帝国基督教的胜利，西方的社区、制度与土地不存在这种关系，我们最初也不会把土地和人并列在一起。

而且怀特认为，正是由于对自然的轻视，才催生了独特的西方技性科学，将地球作为人类取得"进步"、财富和舒适的资源集。这种理解和操纵世界的方式，正在加速人

———————————

① White, 1205.

类世界的灭亡。

以上是对基督教破坏生态遗产的概述，在继续这个话题之前，我想花点时间阐释一个重要的限定条件。除了某些激进的美国传统福音派①，当代大多数基督教文本、领袖和社区都坚定地致力于环境治理和保护。怀特呼吁，"要么寻找一种新的宗教，要么重新反思原有的宗教"，这在很大程度上致使当代几乎所有的神学思想都可以被称为生态神学，该领域几乎所有的文本都把环境正义和环境修复作为最核心的议题。② 大部分主流教派就万物的神圣管理权发表声明，每年 4 月无数的神父和牧师在地球日那天进行慷慨激昂的布道，每年 10 月许多大教堂举行活动纪念圣方济各（St. Francis）关于种间神圣管理的理念。③ 最知名的人物或许当属现任罗马天主教教皇，他曾采用圣方济各作为教皇名，让世界为之震惊；如今他又史无前例地发表了一篇环

39

---

① Erickson, "'I Worship Jesus, Not Mother Earth.'"

② 这些神学体系不限于基督教，还包括一些其他教派，参见 Kearns and Keller, *Ecospirit*。

③ 各教派关于环境变化声明的网络合集，参见 the Yale Forum on Religion and Ecology, https://fore.yale.edu/Climate-Change/Climate-Change-Statements-World-Religions/Christianity-Protestant-Denominations-and。关于纽约圣约翰大教堂的动物祈福仪式，参见 Megan Roberts, "The Beastly Blessing: St. Francis Day at Manhattan's St. John the Devine," Atlas Obscura, October 9, 2013, https://www.atlasobscura.com/articles/a-beastly-blessing-st-francis-day-at-manhattan-s-cathedral-church-of-st-john-the-divine。教皇方济各这样描述了以他命名的神圣管理理念："当他注视太阳、月亮和最微小的动物时，会情不自禁地颂唱，吸引万物同声咏赞。他与万物交流，甚至向花儿传道，邀请它们'赞美主，仿佛它们也被赐予了思想。'" Francis, "Laudato Si,'" ¶11.

境通谕，谴责当代资本主义的观点，比如将人类视为"领主和主人"，"有权恣意掠夺犹如我们姐妹和母亲的地球"。① 当2021年夏天飓风和大火肆虐时，三大基督教教派的领袖共同发表《保护万物联合声明》（A Joint Statement for the Protection of Creation），呼吁："所有人，无论信仰或世界观如何，……都应尽力倾听地球的呼声……，承诺为神赐予我们的地球做出必要的牺牲。"②

坦白地说，今天基督教群体里的每一个人都对海洋、物种和气候的状况深感担忧。许多人展示出非凡的勇气，要求教会为基督教参与西方生态灭绝的行为负责。东正教普世牧首巴塞洛缪（Bartholomew）呼吁东正教会"承认'我们……对万物的损毁和破坏'"；美国福音路德教会（Evangelical Lutheran Church）忏悔，"我们［已经］沦为邪恶力量和不公正制度的俘虏……把地球当作一个取之不尽的仓库"；教皇方济各也承认，"我们一些基督徒有时错误地阐释《圣经》"，为"无节制开发自然"辩护。③ 这些教会领袖一致认为，面对神赐予我们的地球，不仅人类个体要当好管理者（通过回收利用、植树造林、减少购物等方式），而且企业和政府机构也必须洗心革面——首先不能不

---

① Francis, ¶2.
② 东正教普世牧首巴塞洛缪、罗马天主教教皇方济各和坎特伯雷大主教共同发表《保护万物联合声明》。
③ Ecumenical Patriarch Bartholomew, cited in Francis, "Laudato Si,'" ¶8; Evangelical Lutheran Church in America, "Caring for Creation." Francis, "Laudato Si,'" ¶67.

受约束地去追逐利益。①

不过，这种几乎不约而同的教会声明具有一定的局限性：尽管美国是基督教国家，但教会在当代世界的影响远不如中世纪和近代早期。简而言之，教会解决生态危机的能力比不上他们制造危机的能力。哪个国家或公司会在意热衷于社会正义的基督徒所提出的圣洁忠告？SpaceX 真的会在另一枚火箭撞向濒危的珊瑚礁之前考虑教皇的通谕？ *40*

问题在于，那些被教会谴责的对《圣经》错误解读的教义（人类至高无上，剥削地球，将土地视为非生命体），早已成为帝国主义政治、资本主义经济和世俗科学的核心，促使人们产生了逃离地球的宇托邦梦想。最初的《圣经》教义如今已司空见惯，成为世俗的、普世的、不变的准则。在这些从神圣变成世俗的原则中，最重要的便是人类对其他创造物的"统治"。

遍满地面，治理这地

人类至上是引领当代太空竞赛极具破坏性的神话之一。如果花点时间想想，就会发现它无处不在：美国和苏联的

---

① 教皇方济各指出："当人们将利润视为唯一的考量，就不会顾忌大自然的规律和兴衰周期，以及可能因人的干预而严重受损的复杂生态系统。况且，生物多样性顶多被视为可以开采的经济资源储备，人们并没有严肃地思考万物的真正价值、它们对人类和文化的重要性，以及穷人的忧虑和需求。"Francis，"Laudato Si，'"¶190.

航天机构在把人类送入轨道之前，先把狗和黑猩猩送入轨道；制药公司做人体试验之前，先在小白鼠身上测试化学药品；麋鹿和驯鹿在新公路的区域规划会议上没有发言权；草地和雨林没有任何法律地位——这种例子多如牛毛，不胜枚举。

另一个重要的限定条件针对的是现代世界的科学家和公民。我非常清楚，**人类**与多物种世界（more-than-human world）保持着相互尊重和关爱的关系。自然科学家或社会科学家从事研究工作时，大都对动物、植物、细菌和矿物质心怀敬畏，甚至是崇敬之情。我也不例外。毕竟它们构成了人类生活的环境，甚至是人类的组成部分。但是，我们几乎都在为**机构**工作，并且依附于此；而大学、军队、私营部门等一切现代西方机构，几乎都是在一个未经检验的假设下运作，即自然界属于人类，人类可以任意使用。这种未经检验的假设有许多来源，比如资本主义、殖民主义、**榨取主义**（extractivism）等，但如果我们跟随怀特的引导，最终还是要回归《圣经》。

《旧约》第一卷第一章宣称，人类高于世界万物。尽管神每次造物之后都会说"这是好的"，但《创世记》开篇的创世神话只赋予了人类"神的形象"（《创世记》1：26 - 27）。这种地位使人类拥有比肩神的权力：在接下来的经文中，神告诉人类"要生养众多，遍满地面，治理这地"。换句话说，人类被赐予了创造的神圣权力，统治身处其中被创造的世界。如果不清楚繁衍程度和治理范围，神给出了更明确的指示，告诉他创造的人类"也要管理海里的鱼，空中的鸟，和地上各样行动的活物"（《创世记》1:28）。因为人类是"按照神的形象和样式"创造的，从神那里得到了繁衍、统治、创造和征服的神圣权力。

实际上，《创世记》第二章讲述的创世故事与第一章完全不同。许多当代《圣经》研究者认为，两个故事的创作时间相差几百年，只是后来被校订者用蹩脚、过渡性的经文拼接在一起。① 即便粗略地读一下这两个故事，也会发现它们之间存在明显的差异。如果说《创世记》第一章展现了一个无实体的神，他用言语创造了世界（"要有光"，"水要多多滋生有生命的物"，等等）；那么第二章则讲述了神来到这个世界进行修补和改造的故事。在开篇，神用地上的尘土造人，将生气吹进他的鼻孔。尽管这两章的表达方式可能有所差异，但传递的信息似乎相同：人类是万物之灵。神为人类建造伊甸园，创造了许多动物，并赋予他为陆地和海洋等其他生物命名的权力。神做完这一切后，人类却仍然感到孤独，神就给他造了一个配偶。

在这里，我们可以发现，两个创世故事之间存在着巨大的差异。《创世记》第一章总是将"男人和女人"相提并论，第二章则从创造次序、秉性和功能方面对二者加以区分。正是第二章向我们讲述了神用亚当肋骨创造夏娃的离奇故事。（离奇是因为经验告诉我们，每个人都诞生于女人

42

---

① Friedman, *Who Wrote the Bible?* 50 – 51.

的腹部，但《创世记》却声称第一个女人诞生于**男人**的腹部。）正是第二章告诉我们，神"为"男人创造了女人；也正是第二章记载了男人给女人起名，就像他给其他动物起名一样。鉴于夏娃是为男人而造，由男人而出，使徒保罗指出，只有"男人"才是"神的形象和反射"，而"女人是男人的反射"（《哥林多前书》11:8－9），比动物高一级，比自己的丈夫低一级。

综上所述，《创世记》中的两个创世故事，尤其是经由保罗传播给广大基督徒读者之后，让我们产生了一种普遍印象：人类服从于神，女人服从于男人，整个自然界服从于人类。① 随着《圣经》叙事从创世故事转为历史，这种等级制度变得更加不平等。神与人立约使我们认识到，男性比女性更为优越，神的子民比其他民族的人更为优越。

迦南情结

当我第一次听到彭斯在国家太空委员会的讲话时（他在讲话中呼吁美国重返月球，即由美国宇航员乘坐美国宇航团队在美国领土发射的火箭前往月球），我对他提到的《诗篇》第 139 篇大为震惊。那篇经文让我们相信，无论我们身处何地，前往何方，神始终与我们同在。彭斯声称

---

① 《诗篇》重申了这种秩序："你叫他比神微小一点，并赐他荣耀尊贵为冠冕。你派他管理你手所造的，使万物，就是一切的牛羊，田野的兽，空中的鸟，海里的鱼，凡经行海道的，都服在他的脚下。"（《诗篇》8:5－8）

"即使我们升到天上,[神]的手也会在那里引导我们",旨在表明美国在外太空的军事冒险得到了神的认可。我们在后面的两章中将会看到,这是美国历史上惯用的套路。神曾把新世界"赐予"欧洲,推动白人移民开拓新大陆,据说现在他又将月球、火星、小行星带以及能够登陆的任何地方赐予了美国。

43

"就像无限迦南。"那天晚上我切土豆做晚饭时气呼呼地和妹妹说。"我们所见之处,都归我们所有。这就是新企业太空竞赛的症结,"我边切边说,"美国仍然有迦南情结。"妹妹冲我眨了眨眼。"啊!"我扔下刀喊道,"这不就是书名嘛!《迦南情结》(*The Canaan Complex*)。不,等等,《无限迦南》(*Infinite Canaan*),或者《太空迦南》(*Cosmic Canaan*)怎么样?你们觉得怎么样?哪一个最好?"

"呃,"妹妹抿抿嘴,皱了下眉说,"我应该知道这些吧?应该,对吧?抱歉,迦南是什么来着?"这就像犹太学校中拉比的宠物说的话。行吧,我得再找个题目。

从地理上讲,《希伯来圣经》中的迦南位于地中海以东,包括今天的约旦、以色列、加沙、约旦河西岸,以及叙利亚和黎巴嫩的南部地区。据神话所言,迦南是"应许之地"——"流奶与蜜"之地(《出埃及记》3:17),神将其允诺给了一个名为亚伯兰(Abram)的普通人,不过经文并没有记载原因。

在两个不同的场景中,神向亚伯兰许诺了两件事:子嗣和土地。"你向天观看,数算众星,"神对亚伯兰说,"你的后裔将要如此。"（《创世记》15:5）这些绵延不绝的子孙后代最终将会生活在迦南，神那日向亚伯兰承诺：

> 我已赐给你的后裔，从埃及河直到伯拉大河之地，就是基尼人、基尼洗人、甲摩尼人、赫人、比利洗人、利乏音人、亚摩利人、迦南人、革迦撒人、耶布斯人之地。（《创世记》15:18－21）

44　当我想象这个场景时，倾向于将其分成两个画面。左边，亚伯兰仰望星空；右边，他眺望大地。仰望和眺望：在《圣经》文献中，无限星空预示着大地的繁荣。

　　然而，你可能已经知道，这种繁荣并不容易或无法迅速实现。神告诫亚伯兰，履行契约还需要一段时间，而《圣经》在接下来的六卷中，讲述了神的选民前往居所所走过的漫长、艰辛的路程。亚伯兰和撒莱（Sarai）更名为亚伯拉罕和撒拉（Sarah），为亲眷行割礼。夫妻二人已年近百岁，却依然没有孩子。神最终赐予他们一个儿子——以撒，然后要求亚伯拉罕将儿子献为燔祭。不过，神用公羊替代了以撒，选择雅各而放弃以扫（Esau），并且让约瑟（Joseph）被卖为奴。之后，神给了约瑟自由，却让他全家前往埃及，在那里他们都将成为奴隶。后来，神"用大能的手"，指派了解放者摩西，杀死埃及人的长子，让更多的埃及人淹死在红海中。再后来，神让以色列人在沙漠中流亡了40年，日间在云柱中引领他们，夜间则在火柱中光照他们，用天上的吗哪喂养他们，赐予他们"十诫"（以及众多规定）；并且告诉摩西，经历这一切之后，这个可怜的人无法进入迦南。最后，神任命约书亚带领众百姓渡过约旦河，进入了应许之地。

然而，这时事情变得非常棘手。因为应许之地已经有人居住了。还记得那一长串的名字吗？"基尼人、基尼洗人、甲摩尼人、赫人、比利洗人、利乏音人、亚摩利人、迦南人、革迦撒人、耶布斯人"？这些族群很可能认为，这片土地属于他们，而且他们也属于这片土地。那么神的选民该如何让他们相信这片土地属于以色列人？理性论证？激情布道？还是政治条约？

"你们过约旦河进迦南地的时候，"神对摩西说，"就要从你们面前赶出那里所有的居民，毁灭他们一切錾成的石像和他们一切铸成的偶像，又拆毁他们一切的邱坛。"（《民数记》33:51–52）换句话说，你们将消灭这些人，摧 *45* 毁他们的圣物，抹去他们的圣地。神接着解释道，如果以色列人不将一切清理干净，那么残余的人和物可能会引诱以色列人拜偶像（基督教徒称之为异教）。因此，他在《申命记》中命令："那时你要把他们灭绝净尽，不可与他们立约，也不可怜恤他们。不可与他们结亲……因为他必使你儿子转离不跟从主，去侍奉别神。"（《申命记》7:2–4）摧毁这些拜偶像的人，关键是摧毁他们拜偶像的场所，"拆毁他们的祭坛，打碎他们的柱像，砍下他们的木偶，用火焚烧他们雕刻的偶像"（《申命记》7:5）。

在这些经文中，消灭迦南居民不仅得到了神的认可，而且是直接源自他的命令。如果以色列人没有消灭基尼人、基尼洗人、甲摩尼人和其他邻族，那么神就会抛弃并诅咒以色列人，"因为耶和华你的神乃是烈火，是忌邪的神"（《申命记》28:15 - 68，4:24）。相反，如果以色列人"将他们除灭……不顾惜他们"（《申命记》7:16），那么神就会奖赏以色列人，赐予他们子孙、牛犊、五谷、新酒和油，以及从新空出来的山丘和石头上开采的铁和铜（《申命记》8:9）。其他部族就这样被毁灭了。

在《出埃及记》中，神拯救以色列人脱离奴役，使红海分开淹没法老的军队，日间用云柱、夜间用火柱做指引。之后，以色列人经历了40年的漂泊，接受了神的诫命和允诺，不断受到恐吓，在摩西突然死亡后，神最终告诉约书亚，是时候征服迦南了。"这样，约书亚击杀全地的人，就是山地、南地、低地、山坡的人，和那些地的诸王，没有留下一个。**将凡有气息的尽行杀灭**，正如耶和华以色列的神所吩咐的。"（《约书亚记》10:40）

《圣经》中同样恐怖的经文还有很多。它们就像一个疯狂的闹钟，在征服即将来临时一次又一次地响起，甚至在一切结束后仍会不时地回响。① 最糟糕的是，这些杀戮的段落使那些美好，甚至充满爱的经文也显得很邪恶。人们常在犹太会堂或基督教堂里听到关于解放、抚孤恤寡以及神

---

① 例如，可以参见 1 Samuel 15:2 - 3 and Psalm 8:5 - 8。

始终与子民同在的经文，不过当坐下来阅读整个文本时，这些美丽的经文就会被其中众多种族灭绝的段落所淹没，甚至颠覆。

还有一件需要特别提醒的事：征服迦南的事件在现实中并没有发生过。没有任何证据表明迦南人被以色列人灭绝或驱逐，甚至没有证据表明他们与以色列人分属不同的人种。① 事实上，这个故事是在巴比伦流亡期间（约公元前597年至公元前539年）和之后写成的，距离《出埃及记》和"进入迦南"（或进入应许之地）已经过去了几个世纪。因此，征服迦南并不是对军事胜利的历史记录，而是一个流离失所、受人统治的民族后来的幻想。这个民族据说受到强大的神的保护，想知道自己到底做错了什么。

不幸的是，揭穿历史并不能取代故事本身。即使没有发生过征服迦南的事件，我们仍然面临正如奥塞奇（Osage）文学研究者罗伯特·艾伦·沃里尔（Robert Allen Warrior）所说的"叙事难题"，即这个故事一直被用来为驱逐和灭绝北美、爱尔兰、澳大利亚、南非、东欧和巴勒斯坦等地的原住民辩护。② 我们知道迦南人没有被以色列人灭族后可能会松一口气，但是一想到经文中记载的有计划的种族灭绝，刚刚的慰藉就迅速烟消云散。正因为如此，我

① Prior, "Confronting the Bible's Ethnic Cleansing in Palestine," 11 – 12; *The Bible and Colonialism*, 290; Langston, " 'A Running Thread of Ideals.' "

② Warrior, "Canaanites, Cowboys, and Indians," 22; cf. Salaita, *The Holy Land in Transit*; Prior, *The Bible and Colonialism*, 39.

的家人才会不断改变逾越节家宴；正因为如此，我那积极参加成人礼的妹妹才会忘记迦南。

在约书亚消灭"凡有气息的生命"前，曾停下来听取神的吩咐。神向自己的仆人保证："你无论往哪里去，耶和华你的神必与你同在。"（《约书亚记》1:9）单看这句话，这是一个鼓舞人心的美好承诺：不论遇到什么挑战和危险，神都与我们同在。但是在无情屠杀众生的背景下，无论事件是否真实发生过，神的承诺都会显得异常恐怖和诡异。说神与约书亚同在，就等于认可约书亚尽数消灭他所遇到的所有外族人和物——尤其是迦南原住民认为神圣的一切。

这就是支撑欧洲征服者和美国政客的"神"背后的力量，正是这种民族血统论催生了彭斯攫取外太空的意图，使他相信神的右手必将紧紧地托住他。从占领迦南到占领美洲再到占领太空，若说神与侵略者"同在"，就是在宣称这种征服不仅得到了神的认可，而且是直接源自神的命令。即使无人相信，但是宣称占领土地是神的命令，就已经足以使其成为历史事实，特别是在美洲。

第三章

应许之地美洲

49

先生们！你们是在为主而战！

——科顿·马瑟①

---

① 科顿·马瑟（Cotton Mather, 1663—1728），17 世纪知名牧师和学者，新英格兰地区的领袖人物之一。——译者注

世俗国家的神圣象征

"火鸡才是真正高贵的鸟。"这可以说是音乐剧《1776》中最精彩的台词。但是自从奥巴马时代后期，当伦理性更突出、编排更成熟的《汉密尔顿》（*Hamilton*）艳惊四座后，那部讲述美国开国元勋的剧就很少再被人提及。《汉密尔顿》由林–曼努埃尔·米兰达（Lin-Manuel Miranda）和戴维德·迪格斯（Daveed Diggs）主演，在 Disney + 上线。近来，我听闻高中生在美国历史课上会观看这部音乐剧。但是对于我们来说，其实就像是在一卷破旧的录像带中，霍华德·达·席尔瓦（Howard da Silva）[①] 一面恳求威廉·丹尼尔斯（William Daniels）扮演的约翰·亚当斯（John Ad-ams）"坐下来谈谈"，一面又拒绝他选的国鸟。

富兰克林：我们该选什么鸟作为全新的美国的象征？

亚当斯：秃鹰。

[①] 霍华德·达·席尔瓦（1909—1986），美国演员，在《1776》中扮演富兰克林。——译者注

　　　　杰斐逊：鸽子。

　　　　富兰克林：火鸡。

　　　　……

　　　　亚当斯：秃鹰庄严雄伟！

　　　　富兰克林：秃鹰是食腐动物，是小偷，是懦夫，是十几个世纪以来欧洲恶行的象征。

　　　　亚当斯：那火鸡？

　　　　富兰克林：火鸡才是真正高贵的鸟。

50

　　富兰克林认为，火鸡的高贵之处在于它"土生土长，是美国早期移民的食物来源。它英勇无畏，敢于单枪匹马攻击一整个英国军团"①。

　　显而易见，亚当斯最终在这件事上取得了胜利，将秃鹰确立为世俗美国的神圣象征。秃鹰装饰了美国国徽，神圣无比；而火鸡却只能每年装饰感恩节的餐桌，成为献祭。

　　称某物"神圣"，是为了将其与日常生活区分开来。神圣之物非比寻常，人们必须心存敬畏，小心对待，比如，接近祭坛、进入国家公园或与当红明星一起乘飞机时，必须遵守某些特殊规则和限制条件。事物一旦被赋予神圣色彩，就会受到人们的大力保护。如果富兰克林讽刺性的提议成真，火鸡成为我们的国鸟，那么吃火鸡就会像现在吃

---

① Stone, 1776, 74 – 75. 关于富兰克林比较秃鹰与火鸡的历史记载，参见 Stamp, "American Myths"。

秃鹰一样不可思议。不过勇敢的"美国土著"火鸡还是输给了富兰克林口中"道德败坏的恶鸟"——从其他鸟嘴里偷鱼的、怯懦的秃鹰。①

在美国建国初期，富兰克林除了争取国鸟失败外，关于国徽的提议也没有被采纳。而且据我所知，他的这些想法在歌曲或舞蹈中也未有所体现。在确定国徽设计的首次会议上，富兰克林、杰斐逊和亚当斯一致同意，国徽不应该印刻某个生物，而应该描述一个故事。他们认为，美国国徽应当为国家留存集体起源的神话，并指引国家走向共同的未来。

亚当斯提议镌刻"赫拉克勒斯的选择"（The Judgment of Hercules），即英雄受到"邪恶"诱惑，但最终选择"美德"的故事。侧卧着的邪恶女神美艳无比，指向"绚丽多彩的快乐之路"，然而赫拉克勒斯拒绝了她，选择了代表辛苦劳作和自我克制的"崎岖不平的山间小路"。② 亚当斯希望传达的信息很明确：这片丰饶的土地要么引领美国走向享乐和堕落，要么走向苦修和强盛，而且这位未来的总统显然认同后者。然而，富兰克林和杰斐逊则从古希腊神话转向《希伯来圣经》，提议国徽应该表现《出埃及记》中的场景。

51

---

① "就我个人而言，我并不希望秃鹰代表我们的国家。它是道德败坏的恶鸟，并不本分。你们也许见过秃鹰栖落枯木，候在水边，等待鱼鹰捕鱼，伺机而动。秃鹰懒得自己捕鱼，勤劳的鱼鹰捕上鱼，准备带回巢时，秃鹰却追上去抢鱼。"Franklin in Stamp, "American Myths."

② John Adams, letter to Abigail Adams, August 14, 1776, cited in Patterson, *The Eagle and the Shield*, 16–17.

图3.1　1856年富兰克林提议的美国国徽示意图
图片来源：美国国务院（Department of State）

　　富兰克林推荐"过红海"的场景。更确切地说，他希望纪念以色列人到达对岸后摩西举起手杖合拢红海的那一刻。海水淹没了法老、他的军队以及所有的战车和马匹，而神的子民则欢欣鼓舞。为了防止当代观众对死亡场景感到不适，富兰克林指出，还应该镌刻上"云端火柱光芒四射，笼罩摩西，表明他是奉神旨意行事"的图样。为了更突出这一点，他甚至建议不如把"反抗暴君即服从神"作为国家箴言。① 杰斐逊认同富兰克林的箴言，但他更想选择《出埃及记》后半部分，他提议刻画以色列人在旷野中前进的场景：他们在神的指引下，白天依靠云柱，夜晚依靠火柱前行。

52

---

① Benjamin Franklin, undated note, August 1776, in Patterson, *The Eagle and the Shield*, 14.

图 3.2　1930 年杰斐逊提议的美国国徽示意图
图片来源：美国国务院

　　富兰克林和杰斐逊很少显露出强烈的宗教情感，但是两人竟然都想用以色列叙事讲述美国故事，这似乎有些令人费解。或许，这只是个惊人的巧合：《圣经》有成千上万个故事，他俩恰好选择了同一个？事实证明，富兰克林和杰斐逊只是在呼应上个世纪不断重复的信条：美国是"神的新以色列"，她的人民在摆脱旧世界的奴役后，跨越大洋，最终抵达这个光辉灿烂的新迦南。① 彭斯曾用它来类比

---

① 关于这一隐喻更详尽的资料和分析，参见 Cherry, *God's New Israel*。史蒂文·萨莱塔（Steven Salaita）指出："在阿肯色州（Arkansas）、伊利诺伊州（Illinois）、得克萨斯州（Texas）和西维吉尼亚州（West Virginia），有超过 20 个美国城镇被命名为迦南或新迦南，也有几个城镇被命名为巴勒斯坦……。" Salaita, *The Holy Land in Transit*, 13.

美国的宇宙开发，称神保佑美国占领无垠的应许之地。

坦白地讲，神化美国的人不计其数，既有牧师和探险家，也有宗教复兴主义者、大学校长、州长、记者和总统，而且始终宣扬同一个主题，即"美国被神选中，在这个世界上肩负着特殊的使命"①。他们一再重复这个主题，仿佛是为了说服自己这就是事实。美国早期的布道词、文学和演讲也不断围绕这个类比展开：英国好比压迫人民的埃及；查理一世（Charles I）是顽固的法老；清教徒和种植园主是神的选民；大西洋之旅相当于过红海；北美是应许之地；乔治·华盛顿（George Washington）是摩西，是约书亚，或两者兼而有之；美国将成为美洲大陆的以色列，自由、仁爱、和平道路上的"万国之光"。

摩西和约书亚知道，已经有人占据了迦南的土地；欧洲移民、殖民者和开国元勋自然也明白，"他们的"应许之地上也有定居者。于是，他们进一步完善了这种类比：如果美国是新以色列，那么美国原住民就是亚摩利人、赫人和耶布斯人，也就是神告诉先知们要铲除和消灭的"迦南人"。1557 年，一位殖民地官员写信给西班牙国王菲利普二世（King Phillip II）说：

> ［美洲］是应许之地，被拜偶像者、亚摩利人、亚玛力人、摩押人、迦南人所占据。这是永在的父应许

---

① Cherry, *God's New Israel*, 1.

给信徒的土地，因为神在《圣经》中命令我们，从这
些拜偶像者手中夺取土地；以拜偶像和罪恶为名，将
他们全部杀死，除了少女和儿童，其余一个不留；掠
夺洗劫他们的城市，将城墙和房屋夷为平地。①

简而言之，他们将美洲原住民比作迦南人，为那些原本超
乎想象的暴行提供了神圣的理由。

在一些资料中，这种类比是有寓意的：美国原住民和
迦南人一样，也是"拜偶像者"，崇拜亚伯拉罕、以撒和雅
各的神以外的神。他们和迦南人一样，被视为野兽和昆虫，
并被指控犯有淫乱罪，而据此也可证实他们的堕落。② 在其
他资料中，这些共性成为美洲原住民是**现实中**迦南人的证
据。1783 年，耶鲁大学校长以斯拉·斯泰尔斯（Ezra
Stiles）指出，"美洲**印第安人**"便是被约书亚赶出锡安的迦
南人后裔。为了逃避神的军队，这个被诅咒的古老种族爬
上腓尼基人的船，越过大西洋到达"新世界"，而如今这片
土地是神的新以色列，这些人又将面临被驱逐的命运。

欧洲移民和古以色列人之间的一个重要区别在于，他
们是基督徒。因此，尽管他们使用希伯来经文证明对土地
的所有权，为他们对这片土地代管者的虐待行为辩护，但
是也会专门借助基督教教义、意象和神话。比如，美国原

54

---

① Cited in Langston, "'A Running Thread of Ideals,'" 239.
② 参见托马斯·奥尔蒂斯（Tomás Ortiz）的指控，转引自 Prior, *The Bible and Colonialism*, 181。

住民不仅是《申命记》中的"拜偶像者"，还是"异教徒"
"地狱恶魔""魔鬼的奴隶"，甚至是"撒旦的孽种"。① 这
片土地不仅是约书亚的迦南，也是圣约翰的新耶路撒冷，
是从基督教末世灰烬中生出的"新天新地"（《启示录》21：
1）。② 最值得注意的是，在基督教的范式下，入侵者除了驱
逐"迦南人"并将其赶尽杀绝之外，还有另一种选择，即
尝试改变迦南人的信仰。然而，1544 年，一位西班牙法理
学家诘问道，如果不先征服"野蛮人"，又怎么能改变他们
的信仰？③ 即使对于近代早期的"基督教欧洲"而言，最要
紧的目标也是占领土地。

这是"谁的"土地？

在加利福尼亚州的里奥维斯塔市（Rio Vista），有一个
卖月亮的人。你只需要给他打个电话或访问他的月球使馆
网站，选定想购买的月球土地面积，提供信用卡或贝宝的
支付信息，那块月球土地就是你的了。几周后，你会收到
地产的坐标确认书和官方契约，它们印在法定规格"便于

---

① 参见 Mather, *Soldiers Counselled and Comforted*, 32；Wigglesworth, "God's Controversy with New England (1662)," line 7; and Whitaker, "Good Newes from Virginia (1613)," 32 – 33。
② 参见 Edwards, "Latter-Day Glory," 55。
③ Sepulveda, "Democrates Alter."

装裱的仿羊皮纸"上。① 你还可以购买火星、水星、金星以及木星的卫星木卫一的部分土地，乃至整个冥王星。

如该网站所述，早在 1980 年，"年轻、聪明、英俊的"丹尼斯·M. 霍普（Dennis M. Hope）先生就给联合国大会、美国总统和"俄罗斯政府"写信，告知自己正在旧金山的一个土地登记部门申报对月球的所有权。他非常清楚，国际法并不禁止此举。② 据他所说，联合国、美国和苏联均未对此做出回应。既然没有人阻止，那么他便可以宣称自己拥有对各个卫星和行星的所有权。如今霍普声称，大部分太阳系都归他所有，任何人只要给他 25 美元，就可以获得一份新奇的礼物，或者实现自己拥有宇宙地产的愿望。

无论如何，霍普都不像是骗子。他似乎真的相信自己找到了法律的漏洞，可以据此宣称对宇宙邻域的所有权。（他知道还有不少人在出售月球，但他认为那些人都"带有犯罪意图"。③）此外，霍普还说，月球大使馆让他摆脱了严重的经济困难，收入高于以往的工作，因此他的做法肯定没错。

这种主张让人目瞪口呆。**这个家伙真以为他拥有月球？（……其他人还去购买？）** 显然，联合国、美国和苏联都认

---

① Lunar Embassy, "Buy Land on the Moon," https://lunarembassy.com/product/buy-land-on-the-moon/.

② Lunar Embassy, "About Our Founder Dennis Hope," https://lunarembassy.com/who-owns-the-moon-dennis-hope/.

③ "The Man Who Sells the Moon," Op-Docs, *New York Times*, March 11, 2013, https://www.youtube.com/watch?v = Bs6rCxU_IHY.

为，这个人太过荒谬，不值得回复。加利福尼亚州里奥维斯塔市的霍普是谁，竟然说自己拥有月球？他甚至从来都没有**去过**月球。而且，月球是一个人所能拥有的东西吗？然而，他竟然每个工作日都在将月球土地（月球领土？）分成单块出售，还采用先到先得的方式。

尽管霍普的行为看上去非常荒谬，但与教皇将所谓的新世界"赐予"西班牙的做法相比，它仍然望尘莫及，而且两者在破坏性程度上也无法相提并论。教皇荒谬绝伦的行为，导致了欧洲对美洲迦南之地的全面征服。

1492年春天①，哥伦布从他所谓的"新世界"首次远航返回后仅两个月，教皇亚历山大六世（Pope Alexander VI）便决定将世界移交给他最偏爱的君主。当时，斐迪南二世（Ferdinand II）和伊莎贝拉一世（Isabella I）刚刚为基督王国收复了伊斯兰教统治的伊比利亚半岛（Iberian Peninsula），驱逐了当地的穆斯林和犹太公民。教皇据此断定，两人有能力承担为基督开疆拓土的重任。而且，"收复失地运动"（Reconquista）结束，他们也无事可干。因此，教皇亚历山大写道："我们自愿……将已发现和即将发现的……位于向西或向南航行路线上的……所有岛屿和陆地……从北极……到南极……给予、授予和转让给你们和你们的继承人。"②

---

① 此处作者似乎有笔误，应为1493年。——译者注
② Alexander VI, *Inter caetera*.

此举并非史无前例。之前的《教皇训令》曾以相似的理由（即曾征服北非的穆斯林），将非洲大陆大部分地区的统治权授予葡萄牙王国。更臭名昭著的是，后续修订的《教皇诏书》（*Romanus Pontifex*，1455）不仅将非洲的土地、资源和贸易权统统交给"阿方索五世（King Alfonso）及其继承人"，还示意葡萄牙人"让（非洲）人永远沦为奴隶"。① 因此，几十年后，教皇亚历山大将美洲分给西班牙时，认为自己不过是在营造公平的殖民竞争环境，让整个伊比利亚半岛再拥有一块土地罢了。

我们在上文中讨论过霍普的做法，他也承认自己钻了法律的空子；那么我们也质问一下罗马教皇，他们凭什么认为自己拥有非洲和所谓的新世界，凭什么有权处置这些土地？亚历山大六世在名为《在其他中》（*Inter caetera*，1492）的诏书中解释说，教皇能够授予土地的原因在于"我们所拥有的教皇权力，它由全能的神经圣彼得赐予我们，它继承了耶稣基督在世上的管辖权"②。简而言之，"我能将这块地赐予你们，因为神把它托付给了我"。

具体来说，"我能将这块地赐予你们，因为神以耶稣基督的形象来到世界；基督把所有地上的权柄交给了使徒彼得（《马太福音》16：18）；彼得是罗马主教；现在我也是罗马主教，因此我被授予了耶稣基督的管辖权（或代表权）。

57

① Nicholas V，"*Romanus Pontifex.*"
② Alexander VI，*Inter caetera.*

既然基督是世界的统治者，**那我**，亚历山大，就是他现世的代理人，**这块土地就是我的土地**，我要把它授予西班牙。"

正如亚历山大六世所说，他之所以把哥伦布发现的"新世界"托付给斐迪南二世和伊莎贝拉一世，是因为他们最有可能为基督夺取这片土地。第一次远航早已表明，在新世界"极其偏远的岛屿甚至大陆上"，生活着"很多人，他们安宁度日，……赤身裸体，而且不吃肉"，其天生智力、道德行为和对神的信仰（虽然是"错误的"信仰）使他们具备被皈依的条件。

亚历山大六世将伊斯帕尼奥拉岛（Hispaniola）上的原住民比作亚当和夏娃，他们是爱好和平、赤身裸体的素食者，生活在"原始"纯真的国度。他想传递的信息非常明确：美洲原住民其实就是被冻结在时间中的欧洲人，等待着基督的救赎，而且只有欧洲能提供这种救赎。

除了关于拯救印第安人灵魂的崇高谕令，亚历山大六世还补充了一个更有说服力的理由。他告诉君主们，这片土地上不仅有人，

> 还有黄金、香料以及各种各样的奇珍异宝。**有鉴于此**，作为天主教的国王和君主……你们要以神圣的仁慈之心，将上述大陆和岛屿连同其居民和生物置于你们的统治之下，使他们接受天主教信仰。①

---

① Alexander VI，着重强调。

他的叙述虽然冗长，但是"有鉴于此"将一切表露无遗。这片土地上有西班牙渴望的资源，因此（**有鉴于此**），给原住民施洗至关重要。不过，这种逻辑实在令人费解。美洲原住民是否皈依，与他们把土地和财富交给西班牙有什么关系？

殖民者在新世界的精神事业和经济事业之间存在着某种邪恶的联系。1513 年，一份名为《上谕》（*Requerimiento*）的文件将这种联系表述得淋漓尽致，它向美洲居民宣告了侵略者的意图。这些征服者每登陆一个陌生的海岸，就会诵读这份《上谕》。如果不是后来产生了如此灾难性的后果，这场仪式本身会非常滑稽。一个西班牙人站在船头，或在海滩高处，**用拉丁语**（很少有水手懂这种语言，原住民更是一无所知）庄重地诵读这些文字："我们作为君王的仆人，谨以国王费尔南多（Don Fernando），其女胡安娜（Doña Juana）——卡斯蒂利亚（Castile）和莱昂（León）女王，野蛮民族征服者的名义，尽我们所能地向你们宣告：主，我们的神，永恒存在，创造了天地……"①

我不得不暂停对这一场景的描绘，再次提醒大家这有多么荒谬，真是荒谬至极。当我在课堂上讲授这些文本时，会引导学生再想象另一幅场景：一艘外星飞船降落在街区尽头，舱门打开后，出现了一个绿色的人形生物，高声朗诵半个小时的……指令？祈祷？金星人的电话簿？天晓得！"你不会说外星语，"我对学生讲，"你真的不知道这个生物

① Council of Castile, "Requerimiento."

在说什么。"

"但仅就讨论本身而言，"我继续说，"假设你恰好有某种宇宙翻译器，能听懂这个绿色的家伙在喊什么。你从头到尾听完后回到家中，父母和兄弟姐妹问你到底发生了什么，你会怎么和他们解释？"

在课上，学生发掘出《上谕》中的五大要点。

1. 神创造了宇宙以及亚当和夏娃，两人是包括美洲原住民在内的全人类的祖先。

2. 神把宇宙托付给一个名叫圣彼得的人以及他的继任者，我们称之为教皇。

3. 现任教皇将我们脚下的这片土地交给了西班牙的国王和女王。

4. 原住民应该"承认教会是整个世界的统治者和领导者"，也就是说，他们应该皈依基督教。

5. 如果原住民放弃抵抗，放弃他们的土地，西班牙人将保护并且颂扬他们；但是如果他们不这样做，西班牙人将奉神之名，在神的指引下，对他们发动战争，奴役他们及其后代，夺走他们所有的财产，"给他们带来无尽的灾难和破坏"。①

正如你所见，在这次海岸线上的诵读仪式之后，事情

---

① Council of Castile.

迅速变得非常糟糕。尽管开场白看似充满虔诚和慷慨，但后续的发展却着实让人震惊。创造了西班牙人的神也创造了原住民，换句话说，我们都是兄弟姐妹。但请注意，这个宣言——所有人都是同一个神的子女——实际上迫使美洲原住民进入了欧洲人讲述的特定故事中。他们无法自由地说"**我们的**神告诉我们，这片土地属于我们，属于野牛、河流和山脉"，因为那些乘船而来的人坚持认为，所有人只有一个神，并且他让西班牙人掌管一切。

"如果你告诉你的家人，外星人宣称，你们社区和周边所有的区域都属于一个你从未听说过的国王，属于一个嫉妒心极强、创造你的神，他们会有什么反应？"我问我的学生。

"嗯……不可能？"课堂讨论非常激烈，其中一个学生回答说，"我想他们大概会说不可能。也许还会说，那个外星人是个疯子。"

同样，当塞努人（Cenù）听懂西班牙侵略者说的话后，他们也会认为"教皇肯定是喝醉了"，卡斯蒂利亚国王真是个"疯子"，竟然认为自己有权认领一块不属于他们的土地。[1] 其实，当听说加利福尼亚有人卖月亮时，大多数人的反应也是如此。

虚无的力量

那些企图殖民外太空的人——通过开采小行星，对火

---

[1]　Wynter, "The Pope Must Have Been Drunk."

星进行地球化改造，把月球变成银河系加油站——往往不愿过多谈论他们的殖民祖先所造成的悲惨历史。然而，不论在天体物理学领域内部还是外部，一直都有人认识到这段历史，并且呼吁太空探索应采取"去殖民化"或"反殖民化"的方式。这种方式可以避免重犯过去的罪行，不会造成对邻近行星的剥削。但是，这些艺术家、活动家和学者往往会被殖民主义的拥护者所嘲笑，因为后者坚持认为，太空殖民与在地球殖民完全不同，在那里不会干扰到任何人。正如火星协会主席祖布林所说："在火星上，我们有机会用清白的双手创造新事物。"① 然而，祖布林并没有提及，欧洲殖民者也曾寻求创造新事物，这些人相信——至少他们自己**说**——新世界空无一人，所以他们的双手是清白的。

当然，殖民者并不真的认为这片土地上**荒无人烟**。这里显然既有人类，也有动物，还有无穷无尽现代世界称之为"资源"的东西。事实上，正是这些资源吸引了征服者，并促使大量移民在这里定居。对欧洲人而言，新世界没有任何官方的体系或制度能阻止自己沦为他们的财产。

19 世纪时，人们开始将这些地方视为"无主之地"（terra nullius）或"无人之地"。② 早在 15 世纪，法学家将

---

① Bartels，"Should We Colonize Space."

② 埃梅里希·德·瓦特尔（Emmerich de Vattel）将约翰·洛克（John Locke）的劳动财产理论应用于美国原住民的案例，为"无人之地"的法典编纂奠定了理论基础。"他们在那些广大的地区暂住不能被视为真实、合法的占有，"他坚持说，"而且，在家乡饱受压抑的欧洲人发现，野蛮人并不特别需要土地，也没有实际和持续地使用，因此他们就宣称自己有权占有这些土地，并在那里建立殖民地。"Vattel，*The Law of Nations*，§209.

这种依据称为"发现原则",或简称为"原则"。任何被欧洲国家判定为无人占据和无人认领的土地,他们都可以"购买"(通常采用强制和欺骗的方式),或用武力夺取。此外,受迦南是"应许之地"观念的影响——"使万民作我的门徒"的使命感进一步增强了这种观念——基督教国家开始宣传,他们有权利和**义务**占领任何偶然发现的土地。

如果回想一下《创世记》中的创世故事,你会发现这位神按照自己的形象创造了人类,并且告诉他们要"生养众多","统治"世间万物。按照这种说法,人类是被神创造出来的造物主,继续担负着神的创世工作,即统治地球,繁衍子嗣。然而,我们发现的情形是,《圣经》叙事以及许多阐述基督教教义的人只偏爱特定的人。据说,神把迦南赐给了以色列,把非洲赐给了葡萄牙,把美洲赐给了西班牙。因此,"人类"不仅认为自己能够统治"海里的鱼""空中的鸟"和地球上的哺乳动物,而且一部分人还认为自己有权统治其他人类。

这种说法显然站不住脚,尤其是我们历来的传统主张:人类拥有共同的祖先,一切造物都是"善"的。神**真的**想消灭埃及人、毁灭迦南吗?他真的支持在加勒比海地区露天开采,奴役当地的年轻男性并且肆意屠杀其他人吗?[1] 他

---

[1] 巴托洛梅·德拉斯·卡萨斯(Bartolomé de las Casas)提供了对加勒比原住民进行残酷剥削和大规模屠杀的第一手资料,参见 de Las Casas, *History of the Indies*。

真的想让"美国皮靴"赶在俄罗斯和中国之前重新踏上月球的土地吗？

在《申命记》和《约书亚记》中，你能感受到一种道德焦虑，这两章都近乎狂热地重复着神的指令：消灭一切会动的东西——仿佛要扼杀一切质疑和悔意。富兰克林坚持在国徽上镌刻神的火柱，也会给人一种类似的感觉，从而让人们相信，以自由之名所施加的所有痛苦都是神的意志。同样，征服者来到"新"世界的"处女"地，宣读拉丁文声明，插上他们的十字架和旗帜①，这些仪式中也带有同样的焦虑。但是举行这些奇怪、幼稚的仪式有什么意义？为什么要说一堆没人能听懂的话？把木棍插在地上又有什么用？

62　比较宗教学家米尔恰·伊利亚德（Mircea Eliade）认为，这些诵读和安插仪式是世界再创造的象征。② 他进一步解释说，侵略国借助这种宗教仪式，将"混沌"的异域变成一个有序的世界，或者说"（有序的）宇宙"——就像他们的神最初言说并塑造了世界那样。换句话说，征服领土是对神性的模仿，征服者通过行使权力来宣称拥有神的力量。这种模仿仪式主要有两种方式，即复述创世故事和在地上放置一个垂直结构的物体。

---

① 关于仪式细节，参见 Seed, *Ceremonies of Possession*。
② Eliade, *Myth of the Eternal Return*, 9 – 10.

**图 3. 3 亨利·桑德汉姆（Henry Sandham）画的插图（1905），
主题为瓦斯科·努涅斯·德·巴尔博亚（Vasco Núñez de Balboa）①
在中美洲升起西班牙国旗**

图片来源：Edith A. Browne, *Panama*（London：A. and
C. Black，1923），48

---

① 瓦斯科·努涅斯·德·巴尔博亚（1475—1519），西班牙探险家，于 1513
年率领一支探险队穿越了巴拿马地峡，发现了太平洋并将其命名为"南
海"（Mar del Sur）。此外，他还在巴拿马建立了第一个西班牙殖民
地。——译者注

63

图3.4 乔瓦尼·巴蒂斯塔·卡龙（Giovanni Battista Carlone）的壁画，主题为克里斯托弗·哥伦布（Christopher Columbus）在新大陆竖立十字架。藏于意大利热那亚总督宫（Palazzo Ducale）

图片来源：路透社（Reuters）

　　为什么复述创世故事？因为它确立了征服者神的选民的地位，并将征服行为认定为神的意志。再者，正如我们在《上谕》中看到的那样，这种创世故事将整个世界放置在同一个宇宙剧场之中，使得一切抵抗变得毫无意义。最后，《圣经》叙事似乎将征服行为写入了世界秩序，进而告知美洲人民，他们无法逃脱死亡或失败的命运。

　　为什么在地上安插国旗和十字架？这是为了将这片有争议的土地与天国联系在一起，即用神的纵向权威来巩固征服国的横向扩张。（比如，华盛顿纪念碑、泰国大佛、里

约热内卢基督像或重建后的世贸中心一号大楼：如果你想
显得强大，就在地上建造高大的建筑物。）征服者用这种姿 *64*
态，在"荒野"上开始了创世工作。他们坚持认为，从现
实和法律上讲，这就是空无一物。他们宣称，是神赋予了
他们这种使命。①

昭昭天命

1763 年冬天，在宾夕法尼亚州的康尼斯托加（Conesto-
ga）社区，一帮白人边境居民组成的义警队杀害了 20 名苏
斯克汉诺克（Susquehannock）男性、女性和孩子。这些义
警声称，他们不过是在执行神的命令，清除争议地区的原
住民，而苏斯克汉诺克人就是"红色迦南人"。听闻这个消
息后，富兰克林惊骇不已。"这些人似乎认为，他们有比法
律更正当的理由，"他愤怒地说道，"简直要比肩**神之道**。
他们手捧《圣经》，振振有词，……凭借神给**约书亚**消灭异
教徒的命令，为自己的罪行辩护。"②

对于普遍以约书亚为借口屠杀美洲原住民的做法，托
马斯·潘恩（Thomas Paine）异常愤怒，他坚称任何一个尚
有一丝道德感的人都不能逐字逐句地阅读《圣经》。③ 杰斐

---

① 关于基督教神从无到有的创造过程与"无主之地"政治学说之间的联系，
参见 Bauman，"*Creatio ex Nihilo*"。
② Franklin, cited in Donaldson, "Joshua in America," 274. 加粗为原文强调部分。
③ 参见 Langston，"'A Running Thread of Ideals,'" 246 – 247。

逊也表达了同样的道德质疑，他从《圣经》中裁剪出自认为合乎理性和道德的段落，将其余部分摒弃，运用到自己制作的"圣经"——《拿撒勒人耶稣的生平和道德》（Life and Morals of Jesus of Nazareth）中。"其余部分"包括整本《希伯来圣经》的内容，因为杰斐逊认为里面的神睚眦必报，残忍无比。①

尽管存在着各种各样的抗议，但是美国作为神的新以色列的形象丝毫没有受到影响。事实上，那些反对迦南意象的人也促成了这一意象，比如富兰克林和杰斐逊，都在宣扬跨过红海和穿越西奈（Sinai）沙漠的场景。② 即便是公认反对基督教的潘恩，也在以世俗的理念宣扬美国"天选"之国的身份认同。潘恩认为，这个崭新的国度确实在地球上肩负着特殊的使命，但是并不存在赐予这一使命的主动的、人格化的神。尽管潘恩提出了著名的"自然神论"（神创造了世界，却不干预世界事务），但他经常被认为是"昭昭天命"（美国反复出现的迦南情结在 19 世纪的再现）的早期缔造者。

①　Thomas Jefferson, Letter to William Short, August 4, 1820, in Healey, "Jefferson on Judaism."

②　这些例子仅仅触及了父系道德矛盾心理的表面。据称，主张平等主义的杰斐逊一生拥有 600 多名奴隶，而富兰克林则像反对保护北美森林一样强烈反对种族通婚。在他看来，这两种做法都导致了地球的衰落，并有可能终结火星和金星上的高级生物，他们现在可以更清楚地看到这片大陆，因为那里的白人已经把古老的植物移除。参见 Donaldson, "Joshua in America," 276。

＊　　＊　　＊

我上次提到"昭昭天命"时，是在讨论特朗普关于美国在外太空的愿景。特朗普认为，美国"一直是个拓荒的国家"，如今再次被赋予了开拓全新边疆的使命，接受其"在星系间的昭昭天命"。[1]"昭昭天命"观最早可以追溯到"五月花"（Mayflower）号时期，但这个术语出现于1845年，当时美国正在讨论是否要吞并得克萨斯州、俄勒冈州和加利福尼亚州。用纽约杂志《民主评论》（*Democratic Review*）编辑的话来说，兼并得克萨斯州将开启"我们的**昭昭天命**之旅，使之遍布神恩赐的大陆，满足年年倍增的百万民众自由发展的需要"[2]。

该社论为这一表述填充了丰富的内涵。首先，它宣称现存的国家，甚至整个**大陆**，都是"神"的"恩赐"，或者说是神的意志。其次，它将这份土地遗产与白人繁衍的"年年倍增的百万民众"联系在一起（符合"一往无前，生生不息"的神圣使命，契合让神的子民"像天上的星那样多"的神圣承诺）。最后，它宣称美国的命运"**已经显露**"，甚至可以说，显而易见。作者在这里宣称，美国至上论优于孕育出新耶路撒冷的神学传统。

---

[1] Trump, "Remarks."

[2] "Annexation," *Democratic Review* 17（July, 1845）, 5. On the contested authorship of this piece，参见 Howe, *What Hath God Wrought*, 703，着重强调。

据说，神选中美国是**显而易见的**，换句话说，是公认的事实。它不同于神与亚伯拉罕之约——《圣经》中未加说明，也可以说没有兑现；也不同于神对任何灵魂的救赎或诅咒——这依然难以理解。神选中美国，并不是因为他不可捉摸的意志，而是"因为（美国）优越的国家体制、地理位置和仁慈的美德"。① 而且，神已经用对亚伯拉罕的许诺回报了他所选择的民族：一片资源丰富、后代繁多的土地。没有人会怀疑神对美国的偏爱。

每当大肆宣传某种思想时，人们就会想知道它到底在掩盖什么。在此前美国历史发展的每一个阶段，"昭昭天命"始终在竭力掩盖的真相是，美国原住民（西进运动以及英格兰、法国和墨西哥等国家也是如此）早已到达美国白人垂涎的土地。与前几代人一样，一些理论家以"那里没有任何"值得尊重的事物为由，为他们在西部的权利辩护。用安德鲁·杰克逊（Andrew Jackson）的话说，那里只是"一片被森林覆盖、游荡着几千野蛮人的地区"；或者如威廉·亨利·哈里森（William Henry Harrison）所说，"那里仍处于自然状态，是一小撮鄙陋野蛮人的栖息地"。②

由于广阔的西部地区仍处于原始、未开发、无人居住的状态，"昭昭天命"的社论向读者保证，美国有能力征服这片"无人涉足之地，秉持神的真理，怀着仁慈的目标和

---

① Cherry, *God's New Israel*, 117.
② 两位总统讲话都引自 Finkelstein, *Image and Reality*, 91。

清白无瑕的良心"。① 如今太空殖民者也向我们允诺，这次可以真正做到"清白无瑕"，因为太空中不存在任何会被打扰的事物。但是就像我们过去质问拓荒者和征服者那样，人们可能会向太空迷提出同样的问题：如果那里空无一物，那为什么你们从一开始就如此渴望占有它？

　　无论过去、现在还是将来，答案永远是"资源"——黄金、香料、毛皮、矿石、氦 -3 气体、氢气、白金、肉类以及劳动力，即任何可能为掠夺者开辟新经济的事物。在美国移民看来，原住民"白白浪费他们的资源"，② 疏于照管甚至拒绝"拥有"和"改善"土地，不能像神指示亚当那样"耕种和看守它"（《创世记》2∶15）。因此，西方的"胜利"就意味着传统看守者的失败，他们被驱逐出祖先的土地，迁入保留地。如果白人殖民者发现这些地区比最初预计的更有价值，甚至会对其再次侵吞或重新划定。美洲原住民被迫离开故土，无法自由活动，深陷在敌对国家的包围之中，经常被迫改变信仰，穿欧洲的服装，摒弃自己的语言，上英语学校，面临着被神的子民灭绝的危险。

　　　　只要照耶和华你神所吩咐的，将这赫人，亚摩利人，迦南人，比利洗人，希未人，耶布斯人都灭绝净

---

① "Annexation，"着重强调。

② Cherry, *God's New Israel*, 113.

尽，免得他们教导你们学习一切可憎之事，就是他们向自己神所行的那些。(《申命记》20:17 - 18)

在我看来，这一文本支撑了美国人作为天选之民的地位，但是最能体现它可怕之处的莫过于 1854 年杜瓦米什(Duwamish) 部落酋长西雅图(Chief Seattle) 的演说。在将部落的土地割让给华盛顿领地总督艾萨克·史蒂文斯(Isaac Stephens) 时，酋长西雅图对白人说："你们的神不是我们的神！你们的神爱你们的人民，却憎恨我的人民。"虽然他没有明确说明原因，但结果是显而易见的："你们的神让你们的人民变得强大，很快就将遍布这片大地。而我们的人口却越来越少，就像迅速退去的潮水，再也回不来了。"[1] 这篇演说最可怕的地方在于，酋长西雅图似乎接受了摧毁美洲大陆的宏大神话叙事。他认为，神一定是站在"你们"那边，否则"你们"怎么可能如此强大？

西雅图酋长深谙语言之道，他似乎认识到，征服美洲证明的并非神的力量，而是神的语言的力量。确切地说，征服美洲证实了祈求神的支持以占领和剥夺土地的力量。我想说的是，神**究竟**站在哪边并不重要，甚至连征服者和开国元勋**到底**信仰什么也不重要。(我们怎么知道呢？) 重要的是，他们的神话体系——无论真实还是虚假——对现实世界所做的一切。"神的新以色列"借着神话毁灭世界和

68

———————

[1] Chief Seattle, "Oration (1854)," 135.

创造世界的力量，在美洲大陆上尽行奴役、驱逐及杀戮之事；另一方面却又宣称自己无与伦比地"仁爱"。

随着太空时代的到来，神的新以色列将目光投向了天空。

第四章

最后的边疆

69

有比终极武器更强大的东西。那就是终极阵地——在外太空某处完全控制地球的阵地。

——林登·约翰逊

搞砸月球

20 世纪 60 年代末，NASA 租用了纳瓦霍（Navajo）的大片土地，用来测试准备将尼尔·阿姆斯特朗（Neil Armstrong）和巴兹·奥尔德林（Buzz Aldrin）送上月球表面的太空舱。后来发生的事情众说纷纭，已经成了一段传奇故事。大体情形是这样的，一位纳瓦霍歌手请求 NASA 官员向月球人传递一段录好的信息，当官员让酋长翻译时，酋长顿了顿说："他告诉月球人要好好提防你们，因为你们可能会像在地球上那样搞垮月球。"①

如果这只是个笑话，那么它听起来很有趣，因为阿波罗登月计划表明根本不**存在**"月球人"。没有人会感染地球上的病毒，没有人会在月球矿坑里受尽奴役，也没有人会被扔到太阳照不到的环形山上。月球上显然没有原住民，但这并不能抹去以发现、自由和命运之名对原始星球表面造成的不可估量的破坏。在这种背景下，这位纳瓦霍歌手向"外太空的印第安人"传递信息，听着像是对欧洲侵略 *70*

① 不同版本参见：Young，"'Pity the Indians of Outer Space,'" 273。

和美国扩张战略的嘲讽，然而它们竟然在太空时代的开端再次上演。从美国把目光投向太空的那一刻起，古老的帝国游戏就已经开始重启。

上一章追溯了殖民初期的报纸、布道词和政治演讲中反复出现的一个类比，即把美洲和迦南联系在一起。旧世界被比作埃及，新世界被视为耶路撒冷，而欧洲裔美国人则称自己是被神选中的新以色列人。这些移民在神圣命令的感召下，宣称自己有权为了神的荣耀而夺取、开采和重塑整个北美大陆。

随着大部分耕地通过《宅地法案》（Homestead Act）分配给了非原住民，1890 年，美国人口普查局（US Census Bureau）宣布，这个天选之国的边疆将要"关闭"。然而，仅仅过了半个世纪，由于美国与苏联争夺登月权，一群政治家和火箭科学家又宣布重新"开放"边疆。显而易见，此次美国边疆主义（frontierism）的复兴以一种新的神圣类比为指引。正如 16 世纪的新世界被称为新的应许之地，20 世纪的"外太空"被视为又一个新世界：一个充满冒险、危险、政治自由、经济机会和无穷希望的地方。

值得注意的是，这种类比并非出现于冷战时期。早在 17 世纪伽利略用望远镜发现新天体后，自然科学家就开始将月球、行星与美洲进行类比。有观点认为，金星上存在生命或在火星上旅行是十分荒谬的，早期的科普作家对此提出反驳，并且大肆宣扬哥伦布这个异乎寻常的英雄人物：他在无法航行的大海上航行，在意想不到的地方发现了陆地，还找到了欧洲人认为在其他地方不存在的人类。① 如果有一天人类登上月球，或者月球人来到地球，这虽然听起来非常荒谬，但是当欧洲人突然登陆美洲原住民的海岸，（用拉丁语）宣称这块土地属于他们从未听说过的神，难道他们不会觉得同样荒谬吗？

71

从 20 世纪 50 年代中期开始，海洋与太空之间的类比再度兴起。随着冷战的不断升级，美国许多社论、政治演讲和教育影片在表现即将到来的太空之旅时，将其比作清教徒横跨大西洋的航程以及后人开拓西部的征程。美国宇航员将成为新的拓荒者，彰显典型的美国精神——创新、开拓、探险和**扩张**，甚至有人称之为**内在需求**。② 尽管对神的诉求在 20 世纪的进程中有点隐晦，但这种天文边疆主义以世俗边疆主义为依据，而后者又以《圣经》中的土地索求为依据。简而言之，早期的太空爱好者将外太空比作新世界，将美国自诩的神圣使命投射到了太空。正如神召唤以色列人前往迦南、欧洲人前往康涅狄格州、农场主前往科罗拉多州，在美苏争霸的背景下，他也在召唤美国前往月球。

---

① 两个与此相关的典型文本，参见 Wilkins, *Discovery of a World in the Moone and Fontenelle, Conversations on the Plurality of Worlds*。

② 所谓的美国特质，最著名的提倡者当属弗雷德里克·杰克逊·特纳（Frederick Jackson Turner）。他在 19 世纪末指出："美国社会的发展一直在边疆获得生机。这种不断的重生……提供了主导美国特质的力量。"（Turner, "Significance of the Frontier."）最近，马斯克说，美国是"人类探索精神的结晶……你找不到比他们更热衷于探索边疆的人"。（Cited in Davenport, *The Space Barons*, 117.）

美国登月计划

美国太空计划通常以斯普特尼克（Sputnik）危机为开端。1957 年 10 月，苏联发射了世界上第一颗人造地球卫星"斯普特尼克 1 号"，一个月后又重复了这一壮举，并且搭载了一只名叫莱卡（Laika）的狗。在苏联第一次发射卫星后，艾森豪威尔政府迅速着手组建委员会，不到一年就成立了 NASA。

如今我们被成千上万个运行中和废弃的轨道设备所包围，最著名的当属国际空间站，因此很难再现"斯普特尼克 1 号"发射时所引起的惊讶、恐惧、厌恶和强烈震撼。①数十亿年来，夜空中始终点缀着超凡的行星、卫星、小行星和恒星，突然之间它拥有了**人类制造的东西**：一个 184 磅（约 83 千克）重的金属球，上面有四根向地球发射信号的细长天线。在俄语中，"Sputnik"的意思是"朋友""旅伴"，甚至是"配偶"，用天文学语言则指"卫星"。

"你对我们的两个新卫星有什么看法？"第二次苏联人造卫星发射后，德国哲学家汉娜·阿伦特（Hannah Arendt）

① 艾森豪威尔（Dwight D. Eisenhower）总统的科学顾问证实，这一事件让他感受到了"心理的脆弱和技术的震撼——我记得有一晚仰望星空看到了'斯普特尼克 1 号'，一种充满敬畏和诗意的惊奇感油然而生。这是人类对超越自然认知的天文现象的本能反应，无疑是大多数人听到'斯普特尼克 1 号'消息时震惊的原因之一"。（Killian, *Sputnik, Scientists, and Eisenhower*, 2.）

给朋友卡尔·雅斯贝尔斯（Karl Jaspers）写信："月球（它自己）可能会怎么想？如果我是月球，我会很生气。"①

美国当然很生气，不过绝不是为了月球（我要重申，西方机构与许多西方人不同，通常不会把土地人格化），而是因为自身安全和全球霸权受到了威胁。太空突然成了一个新的领域，而美国却已经落后。时任参议院多数党领袖的林登·约翰逊（Lyndon Johnson）愤怒地说道："罗马帝国控制世界是因为它能修建道路。后来人们将目光转向海洋，大英帝国占据主导是因为拥有船只。在这个时代，我们强大是因为拥有飞机。如今共产党人已在外太空站稳了脚跟。"② 因此，资本主义国家必须迎头赶上。

约翰·肯尼迪（John F. Kennedy）总统规定了登月的最后期限，正式开启了这场太空"竞赛"。在副总统约翰逊的巨大影响下，肯尼迪在 1961 年春天宣布，美国打算在"这个十年内"把人类送上月球并安全返回。③ 他在巡回竞选时说，一切都取决于这场通往外太空的"关键的竞赛"，无论是政治主导、军事地位、经济主权还是宗教自由，如果共产党人赢了这场竞赛，他们会很乐意废除这些权利。

肯尼迪坚称："如果苏联控制了太空，他们就能控制地球，就像过去的几个世纪里，控制海洋的国家统治着大

---

①　Arendt cited in Lazier, "Earthrise," 602n2.

②　"Orderly Formula," *Time*, October 28, 1957, 17 – 19.

③　Kennedy, "Special Message to the Congress."

陆。"① 又是地球边疆和太空边疆、统治大陆和控制宇宙之
间的类比。当美国面对无神论的共产主义劲敌时，这个国
家古老的宗教帝国精神苏醒了，掸去身上的尘土，迅速转
向，直奔月球。

显而易见，美国太空计划诞生于一场军事、政治、经
济和宗教的统治危机。美国进入太空的初衷在于，维护约
翰逊明确提出的"对地球全面控制的地位"②。与此同时，
美国在各种演讲和立法中将这一意图与更人性、更高尚的
价值观联系在一起，比如，探索、科学发现、人类进步、
世界和平。其实，这不过是"为了自己的利益"而编造的
"花言巧语"，将改变、驱逐甚至奴役他人的行为合理化；
而且，美国在斯普特尼克危机后才转向太空领域，当时艾
森豪威尔总统宣布，发展**国家**太空计划以"造福全人类"。③
在太空竞赛的双重逻辑下，美国的军事统治不仅能与科学、
冒险、自由、国际主义、和平等更仁慈的追求共存，而且
能使它们成为现实。美国统治是为了造福全人类。

这种矛盾反复出现，最明显的例子莫过于 1960 年时任
参议员的肯尼迪在总统竞选期间发表的演讲。"如果苏联控
制了太空，那么他们将控制地球，"肯尼迪断言，不过他坚
称，"这并不意味着美国比其他任何国家渴求更多的太空权
利。但是我们不能在这场关键的竞赛中屈居第二。为了和

① Kennedy, "If the Soviets Control Space."
② Johnson cited in Killian, *Sputnik, Scientists, and Eisenhower*, 9.
③ Eisenhower, "Statement by the President."

平与自由，我们必须第一。"①

对于这段文字，我不得不多读几遍，以确保没有遗漏信息。一方面，肯尼迪说美国只想在太空中拥有和其他国家一样的权利；另一方面，他又说美国必须取得胜利。他是否存在某种认知谬误？美国怎么能既主张分享、轮流坐庄、做个好邻居，又坚持自己必须第一？即使幼儿园的孩子也能看出这些规则不公平。

问题的答案在于美国冷战时期的信念，即"美国"代表着共产主义所破坏的自由。这种信念是"昭昭天命"的直接产物，继承了《圣经》中关于天选之国和应许之地的古老理念，主张美国是所有国家和平与自由的典范。当肯尼迪说"为了和平与自由，我们必须第一"时，他在利用这个流传数世纪的古老理念，即美国是"神的新以色列"，注定要在通往正义与和平的路上领导其他国家。 ⁷⁴

这就是肯尼迪将全球平等的愿景和美国的主导地位维系在一起的方式：如果美国代表着和平与自由，那么他们一荣俱荣，一损俱损。事实上，如果美国人大获全胜，俄罗斯人也会改变主意，臣服于美国"仁慈的"领导下。肯尼迪要求美国纳税人资助阿波罗计划，对他们说："我们渴望与俄罗斯人和睦相处……我们将放弃征服，放弃卫星，放弃财富……只求有一天，'这国不举刀攻击那国，他们也

---

① Kennedy, "If the Soviets Control Space."

不再研习战事'。"①

在之后的几十年里，监视、猜疑和直接破坏的行为与肯尼迪演说中的大部分保证相矛盾，但是我想重点探讨他引用的《希伯来圣经·以赛亚书》的内容。在该卷中，先知想象着耶路撒冷和平的未来：一个能实现它所许诺的应许之地。然而，该卷第一章详细提到，在实现和平之前，神将清洗城中每一个不忠的居民，消灭街上所有的恶人，在各个国家施行审判。城市被净化之后，才可以成为神的国度所在地，人们在那里"将刀打成犁头"，不再研习战事。不过在此之前，将上演一场正义与邪恶的残酷斗争。

因此，虽然肯尼迪总统设想与美国劲敌"和谐相处"，但一切都基于美国自身的利益，而且带有强烈的《圣经》色彩。面对无神论的共产党人，这位天主教自由派人士说，"我们寻求和平"；更确切地说，我们寻求亚伯拉罕、以撒和雅各的神许诺的和平，而这位神偏爱美国胜过其他国家。

在肯尼迪对《以赛亚书》经文的引用中，我们再次看到宗教被硬拉进来，以掩盖各种可疑的意图。就像西班牙坚称征服美洲是为了救赎灵魂，清教徒将屠杀美洲原住民定义为一场圣战，种植园主声称自己在让奴隶皈依基督，扩张主义者宣称"神"将整个大陆赐予了白人移民，美国的政治家和科学家从一开始就用神的意志和人类神圣命运来为太空计划辩护。毕竟，单纯的军事霸权和国家荣誉对

---

① Kennedy, "Special Message to the Congress."

美国公众的吸引力有限，要想激起公众对战争、兼并或登月的热情，必须将其包装成一项神圣的使命。

太空计划中蕴含着浓厚的宗教力量，这在很大程度上体现在关于"边疆"的表述中。正如我们所见，它认为某些人被神赋予占领远方土地的使命。"发现原则""昭昭天命"以及肯尼迪登月演说都是迦南建国神话的复兴，即使是那些看似世俗的呼吁，也基于一种神的选民的宗教逻辑，比如"探索精神"或"人类征服新领域的需要"。宗教是美国事业不可或缺的一部分，在与太空相关的话题中不断浮现，比如彭斯、特朗普、肯尼迪等政治家的演讲，以及阿波罗计划。

阿波罗计划? 是的。我想说的是，尽管我依然认为阿波罗计划非常震撼，但它是基督帝国主义思想的再现，这种思想曾经推动了美国的建立和扩张。实际上，这些计划的"宗教"特征绝不只是体现在用神为之命名，或将其称之为"使命"。为了充分验证这个结论，我们先换个话题，讨论一下迪士尼乐园。

寻找明日世界

1954 年，沃尔特·迪士尼（Walt Disney）清理了加利福尼亚州的阿纳海姆（Anaheim）160 英亩（67.75 公顷）土地上的柑橘树和胡桃树，用于建造一个大型主题公园。76他计划公园围绕四个主题"世界"展开：幻想世界主打睡美人城堡；探险世界重现"遥远的亚洲和非洲丛林"；拓荒世界给游客戴上大卫·克洛科特（Davy Crockett）式的浣熊皮帽子，让游客乘坐大篷车、骡子和采矿火车穿越荒野；至于明日世界……其实，连迪士尼也不知道是什么样子。未来究竟是什么样子？**可能**变成什么样子？迪士尼显然被难住了。他该如何打造明日世界？

迪士尼请教了一些动画师，其中一位建议他参考近期出版的《科利尔》（*Collier's*）杂志，其主题是太空旅行的可能性。在杂志封面上，一架火箭飞机穿越地平线，留下一片明亮的红色尾焰。在杂志里面的文章中，美国顶尖物理学家阐释了火箭科学的现状，坚称如果美国不启动正式的计划争取"太空优势"，苏联将远远甩开他们。[1] 在苏联发射"斯普特尼克1号"后，这成为参议院多数党领袖约翰逊提议创建NASA的理由，也是肯尼迪总统坚称美国必须成为首个登月国家的依据。但在阿纳海姆，太空竞赛并没有太多政治化的东西，而是致力于从幻想层面建设美国在太空中神授未来的大众基础设施。

这期《科利尔》杂志的主撰稿人是前纳粹火箭工程师沃纳·冯·布劳恩（Wernher von Braun），他曾向美国军方提供科学服务，于1945年获得特赦。冯·布劳恩的封面文章名为《跨越最后的边疆》（Crossing the Last Frontier），激励了艾森豪威尔、《星际迷航》作者吉恩·罗登伯里（Gene

---

[1] "What Are We Waiting For?" *Collier's*, March 22, 1952, 23.

Roddenberry）等无数人使用这一隐喻，即使不是星际迷也可以喊出，"**太空，最后的边疆**"。在冯·布劳恩最初的构想中，使用"最后的边疆"这一说法是为了最大限度地利用情感、政治、地理和技术力量，当然也有宗教力量。

冯·布劳恩通过中情局秘密的"回形针行动"（Operation Paper Clip）移民美国，不久便成了"美式和平"（Pax Americana）的狂热信徒。① 他将新萌生的对美国的爱国热忱与自己的天体物理学抱负相结合，深信美国肩负着把西方文明推广到全球甚至外太空的使命。如同一代又一代欧洲裔美国人那样，冯·布劳恩为他信奉的帝国主义辩护，称它是实现自由、民主和永恒救赎的手段。

最后这一点可能会让人非常惊讶，因为很少有人知道冯·布劳恩战后皈依了基督教福音派。这位火箭科学家在美国大地上涤除了身上的纳粹成分，几乎获得了彻底的"重生"，他笃信美国肩负着将福音传达给全世界乃至"外太空"的使命。②

换言之，冯·布劳恩明确地将美国的太空旅行视为"昭昭天命"的衍生物。正如在 19 世纪神支持甚至命令美国向西部扩张，在 20 世纪他又召唤欧洲裔美国人前往外太

77

---

① 第二次世界大战末期，美国通过"回形针行动"引进大量纳粹德国的科学家和技术人员。虽然许多人因涉嫌战争罪行和侵犯人权而受到指控，但美国宽恕并赦免了这些人，要求他们为美国效力。——译者注

② Wernher von Braun, "Crossing the Last Frontier," *Collier's*, March 22, 1952, 29.

空征服另一个全新的疆域，一个更广阔甚至无限的疆域。

　　这位前德国公民怎么会如此了解美国的"昭昭天命"？要回答这个问题，就不得不提起阿道夫·希特勒（Adolf Hitler）。他为了捍卫自己吞并东欧的计划，将其与美国西进运动做比较。他宣扬的"生存空间"（*Lebensraum*）论，即迅速发展的德意志民族需要更多的"生存空间"，实际上是摧毁和驱逐美洲原住民的"昭昭天命"的德国升级版。希特勒在入侵俄罗斯时声称，"我们只有一个任务：用德国移民让这个国家德国化，将当地人视为'红皮'。"① 因此，在冯·布劳恩身上，这一极具基督教色彩的美国政治信条经过纳粹德国的演绎后，在美国产生了一个新生的殖民宇宙的天文梦想。然而，实现这一梦想的 V-2 火箭是由集中营里被奴役的工人制造的。在 20 世纪中期，这些火箭曾用来轰炸过伦敦、巴黎和安特卫普，后来它们为迪士尼解决了明日世界的难题。

　　迪士尼看过那期《科利尔》杂志后，立刻邀请冯·布劳恩来到阿纳海姆。在他看来，这位科学家的火箭需要在外观上做一些改进，因为公众不会对如此丑陋的东西产生敬仰之情。灵活多变的冯·布劳恩很乐意接受迪士尼的意

78

---

① 这段话引用了《犹太大屠杀百科全书》（*Holocaust Encyclopedia*）中对 "Lebensraum" 一词的解释，https://encyclopedia.ushmm.org/content/en/article/lebensraum。虽然希特勒以前所未有的残忍手段实施了"生存空间"论，但是这一思想早在纳粹主义出现之前就已存在。参见 Zimmerer, "Birth of the Ostland Out of the Spirit of Colonialism"。在此感谢雅尼夫·费勒（Yaniv Feller）。

见，将其改造成趋近于流线型的杰特森推进器（Jetsonian projectiles），并且从明日世界的中心升起。迪士尼还让明日世界正对着拓荒世界，以此展现美国在太空的未来是其拓荒历史的延续。①

找到明日世界未来的建造方向后，迪士尼邀请冯·布劳恩担任两部电影的指导专家，其主题是人类即将"征服太空"。由于当时的电视频道还不多，而且该话题极为新奇，因此约有一半美国人看过这些将外太空描绘成人类下一个家园的电影。在冯·布劳恩看来，太空是人类传奇历程的最后一步，"人类"从原始洞穴走向肥沃的平原、古代帝国、中世纪的欧洲、美洲海岸，最后到达加州的荒野——如今这里已经成为"明日世界"。仅仅过了十年，经冯·布劳恩美化升级后的火箭模型摇身一变，成为将阿波罗宇航员送上月球的土星5号（Saturn V）。

宗教学者凯瑟琳·纽维尔（Catherine Newell）指出，迪士尼和冯·布劳恩为肯尼迪争取到了升级太空竞赛所需的民众支持。② 迪士尼的公园和电影利用神圣的美国边疆神话，将外太空呈现为普通人超凡的宿命所在，而非军事竞争、无休止的监视、核武器升级乃至电信改善的地方。有朝一日，我们这样的普通人也能在火星过上电影和主题公园里的生活。

---

① 参见 Newell, "Strange Case of Dr. von Braun and Mr. Disney"。
② Newell, "Strange Case of Dr. von Braun and Mr. Disney."

太空即归宿

1968 年平安夜，全球约有 10 亿人收看了 "阿波罗 8 号" 绕月飞行的电视广播。时间点的安排真是巧妙。NASA 的公共事务员朱利安·舍尔（Julian Scheer）认为，大多数美国人都会在平安夜与家人在家中团聚。宇航员预知观看广播的人数会创历史新高，于是带领观众稍微逛了一下（这里是陨石坑，这里是裂缝，这里是静海）。不过实话实说，大家看到的月球只是一个灰色的不规则四边形，可能和某个观众的厨房柜台差不多。当宇航员比尔·安德斯（Bill Anders）宣布月球日出时，画面没有出现任何变化，但气氛突然变得严肃、正式。他和同事可能刚刚见证了光明的来临。

"地球上的所有人，" 安德斯说，"'阿波罗 8 号' 机组向你们传递一条信息。"

> 起初神创造天地。地上是空虚混沌，渊面黑暗；神的灵运行在水面上。神说 "要有光"，就有了光。①

在绕月飞行的宇宙飞船上，安德斯、弗兰克·博尔曼（Frank Borman）和吉姆·洛弗尔（Jim Lovell）轮流阅读《创世记》的第一章。这一章讲述了神用六天创造万物，看

①　CBS News, "Live TV Transmission from Apollo 8."

· **118** ·

着一切造物都是好的，并且照着自己的形象造人。

　　我绞尽脑汁，但是这个仪式还是让我困惑不已。"阿波罗 8 号"的宇航员为何要读《创世记》？他们为什么一定要读些什么？最直接但也最不令人满意的答案是，舍尔策划了这次任务。他告诉宇航员，"要说一些合适的话"，因为这是一个重要的时刻。① 宇航员咨询过许多同事、朋友以及各自配偶的意见，一致决定朗读《创世记》。但是究竟什么使他们选择了《创世记》？为什么不唱国歌或者亨利·曼奇尼（Henry Mancini）作曲的《月亮河》（Moon River）？为什么不朗读纳瓦霍歌手提醒月球人高度警惕白人的信息？

　　我的脑海里不禁涌现出两个画面，一边是"阿波罗 8 号"绕月球飞行，一边是尤里·加加林（Yuri Gagarin）绕地球飞行。作为进入太空的第一人，据说加加林在 1961 年的太空之旅中感叹："我没看见神！"不论他有没有这样做，苏联媒体广为传播这一反神学启示的故事，欣喜地宣称加加林前往神和天使的住所，却没有看到他们。更重要的是，媒体将苏联在太空中的主要优势归功于他们坚定的无神论。一份无神论者杂志指出，西方之所以如此落后，是因为深陷在"黑暗的迷信"中，而苏联却"冲向天堂"。② 宗教是西方世界通往现代科学真理的阻碍。

　　从这个角度看，在"阿波罗 8 号"上诵读《创世记》

①　Cited in Potter, *The Earth Gazers*, 293.
②　参见 Smolkin, *A Sacred Space*, 87 – 94。

是"合适的"，因为它昭示着美国的"犹太—基督教"战胜了劲敌苏联的无神论。如果苏联人在太空看不到神，那么美国人就把神带到那里。

然而，为什么是神？为什么不是亚当·斯密（Adam Smith）、亚历山大·汉密尔顿（Alexander Hamilton）、亨利·福特（Henry Ford）、带有黄金浮雕的投资组合？美国人绝不是只反感共产主义的无神论，为什么却只针对宗教差异而非政治或经济差异？神和这有什么干系？

在此有必要指出，宗教行为和宗教主张一直在支持政治和经济诉求，在美洲尤其如此。它们包括：西班牙人宣读《上谕》，哥伦布竖起十字架和旗帜，富兰克林提议在国徽上镌刻《出埃及记》的场景，以及祈求神"继续保佑美国"的各种国情咨文。在"阿波罗8号"上诵读《创世记》也是如此，它是一种神圣的授权行为。"阿波罗8号"上的宇航员提醒世人，神创造了天地，让"人类"掌管世界，以此证实神赋予了美国统治万物的权利。他们说，太空就是我们的归宿。

81　　"阿波罗11号"在月球上郑重地插上了美国国旗，还有什么比这更明显的证据吗？接到国会下达的秘密指示后，休斯敦约翰逊航天中心（Johnson Space Center）的工程师很清楚，国旗无法在没有空气的月球上飘扬，于是在国旗的布料中穿入一根金属棒，确保地球上能够看到旗杆上展开的星条旗。不过，他们显然选用了错误的耐热涂层，所以当阿姆斯特朗和奥尔德林拉开金属棒时，它开始变得弯曲。

地面的工程师和参议员想，"这样更好"，国旗似乎在"风中"飘动，向坐在电视机前的观众宣告美国的胜利。与此同时，迈克尔·柯林斯（Michael Collins）正乘坐着以哥伦布命名的指挥舱绕月飞行。

阿波罗计划在各个方面都表明是对地球帝国主义的延续。就像欧洲人通过宣读神圣经文、竖立十字架或旗帜来宣示对美洲的主权那样，阿波罗计划通过诵读《创世记》、精心设计插上星条旗来宣示对月球的主权。（美国共有六次插旗仪式，每一次插旗仪式都会将登月之旅推向高潮。）严格来说，阿波罗计划不能宣示对月球的所有权。我会在下一章中指出，根据国际条约，任何国家都不能占有"月球［或］其他天体"，而美国也受此制约。[①] 面对这一限制，美国国会试图为其插旗指令进行辩护，它向国际社会保证，这一行为纯粹是象征性的。插旗只是为了纪念不久前被暗杀的肯尼迪总统，他曾强烈要求 NASA 在十年内登上月球并返回地面。因此，至少到目前为止，月球不属于也不可能属于任何国家。但是从象征意义上讲，它属于美国，因为美国最早到达那里。

如肯尼迪所愿，美国率先登上了月球；但他也坚持，美国这样做是"为了全人类"。"阿波罗11号"留在月球上的铭牌也表达了这一意愿，上面有尼尔·阿姆斯特朗、迈

---

① United Nations Office for Outer Space Affairs, Committee on the Peaceful Uses of Outer Space, "Treaty on Principles Governing the Activities of States."

克尔·柯林斯、巴兹·奥尔德林和理查德·尼克松（Rich-ard Nixon）的签名，铭文字母全部大写：

图 4.1　阿姆斯特朗和奥尔德林将美国国旗插在月球上

图片来源：NASA

来自地球的人类

首次踏足月球

公元 1969 年 7 月

我们为了全人类的和平而来。①

这块奇怪的长方形银质铭牌被折弯后，装在废弃的月球着陆器上。它体现了我们本章所探讨的美国民族主义和

① 中文翻译按照匾牌英文句子的顺序。——译者注

仁慈的普世主义之间的冲突。"阿波罗 11 号"留下这块纪念牌（更不用说国旗）清楚地表明，美国是第一个登上月球的国家。但是牌子上的**铭文**却宣扬了一种普遍的人道主义——"和平"与博爱，而这正是它所营造的**假象**。

给大家大致翻译一下，"看吧，美国**独自**为所有人做了多么伟大的事业！"其他国家的公民不会相信美国的利他主义，特别是美国的国旗在无风中也能"飘动"。我甚至觉得美国人**自己**也不太相信这种说法。因此，这个信息似乎没有目标受众。

除非纪念牌是写给"人类"以外的生命体，假如有外星人，他们可能想知道地球人来月球干什么。这至少能让纪念牌上的宣言更容易理解：也许美国试图向可能在此出现的**外星人**保证，他们是为了全人类的和平而来。不过，他们到底认为哪些外星人能读到这些信息？火星人会认真地对待这些宇航员和总统真挚的签名？登月纪念牌如同《上谕》一般，是这群来自遥远世界的人宣示其宏大意图**和**单方面权威的物品。这块铭牌如同《上谕》一般，以新世界无人所知的统治者的名义，用一种难解的语言宣示对一块"无主之地"的所有权。

这样一来，阿波罗计划最终还是把纳瓦霍人的信息传递给了月球人。因为这些仪式似乎预示着，美国确实会用搞垮地球的旗帜、仪式和人道主义说辞去搞垮太空。

掩人耳目

2021 年夏天，当贝索斯紧随布兰森之后头戴牛仔帽返回地球时，几乎所有的新闻媒体和社交平台都对他口诛笔伐。当时美国太平洋西北地区森林大火肆虐，印度和德国洪水泛滥，大量被误导的美国人被"德尔塔"变异病毒夺走了生命，而这个西部牛仔亿万富豪竟然**逃离了地球**！而且，他乘坐的火箭酷似生殖器，燃料烧焦了土地，污染了承载它的空气！

贝索斯的回应可想而知：他的太空企业最终将会解决所有的危机。毕竟，蓝色起源正在为前往外星球的世界铺平道路。"我们要建造一条太空之路，"他再次强调，"以便子孙后代能够建设未来。"

"世世代代直到永远。" 这是一切的基石：神对亚伯拉罕的应许，摩西对约书亚的嘱托，亚历山大六世对斐迪南二世和伊莎贝拉一世的馈赠，美国开国元勋对英国殖民统治的反抗，宅地法案，登月计划，以及现在的美国企业太空竞赛——我将把你们带到一个子孙后代最终能获得自由的土地。多么巧妙的修辞策略！怎么可能会有人反对？谁不喜欢自由、孩子和未来？但是我们早已司空见惯，当意识形态如此强烈时，很可能是在掩饰一些邪恶的东西，例如，种族屠杀、奴役、紊乱、军备升级等。至于太空企业家，则是剥削劳工、破坏气候、逃税以及始终如一的贪婪。

太空大亨们运用"人类未来""多行星物种""意识之光"和"探索精神"等措辞，试图让我们相信，他们在地球上造成的巨大破坏有助于实现救世的使命。成千上万辆运输卡车污染了大气层，因为亚马逊在为拯救地球的计划筹集资金，将其重工业搬迁到某个小行星上。马斯克火箭发射失败摧毁了珊瑚礁，也是为我们在地球化改造后的火星上进行潜水探险所做的必要牺牲。不过，让我们暂时回到太空竞赛反复出现的宗教幻想之中。要置身这些技术先知的愿景，唯一的方法就是对从未见过的东西抱有强烈的**信念**，例如旋转的太空舱，火星土豆农场，或者真正平等的社会，但是由于没有可靠的氧气供应，只能在企业的控制下艰难维持。

我们知道，贝索斯和马斯克并非最早有这种乌托邦想法的人。贝索斯关于圆柱形栖息地的灵感源自他在普林斯顿大学的老师奥尼尔。1976 年，奥尼尔写过一本关于轨道太空殖民地的科普书，名为《高空边疆》（*The High Frontier*，包含那个无处不在的隐喻）。该书以一封虚构的信开篇：一对富裕的中产阶级夫妇给另一对夫妇写信，夸赞在一个可调节的"夏威夷气候"的太空圆柱体上购物、饮食和娱乐的体验。[①] 而此时，马斯克正在追随火星协会首席执行官祖布林的思想引导：祖布林在关于"火星边疆"的结语中警告说，除非找到一个可以殖民的"新世界"，否则西

[①]　O'Neill, *The High Frontier*, 7.

方社会将土崩瓦解。① 在太空时代来临之际，奥尼尔和祖布林建构的是几十年来冯·布劳恩、迪士尼、约翰逊和肯尼迪唤醒的边疆主义传统。因此，贝索斯和马斯克并不是创造这些太空梦想的人，他们只是第一批有财力试图实现这一梦想的地球人。

实际上，他们两人也不能算第一批。太空记者克里斯蒂安·达文波特（Christian Davenport）表示，20世纪末有许多企业家试图将太空产业私有化，但是由于NASA、波音和洛克希德·马丁之间的合同束缚，均以失败告终。② 贝索斯和马斯克（包括稍逊一筹的布兰森）之所以能脱颖而出，不仅在于他们坚持不懈的努力，还在于其审时度势的能力。

本书第一章中提到，奥巴马取消了2011年NASA预算中的航天飞机计划，将太空探索的任务交给了私营部门，从而推动了"新太空"产业的爆炸性增长。这一政策将使航天业不再依赖政府补贴独立发展，减轻纳税人在太空探索上的大部分负担。然而，事实证明，纳税人仍然在为"新太空"产业激烈竞争的数十亿美元政府合同买单。除了这些公司的CEO，并没有什么人真正获得了实惠：他们不仅拿到了政府合同，还获得了拨款、减税和贷款补贴。左派议员对此极为不满，称这些措施是"亿万富翁的福利"。

在我写作本书时，NASA刚刚向SpaceX提供了28.9亿

---

① Zubrin and Wagner, *The Case for Mars*, 323–334.

② Davenport, *The Space Barons*.

美元的合同，让美国通过阿尔忒弥斯计划重返月球。贝索斯对此气愤不已，他游说国会也给蓝色起源提供一份合同。他在给 NASA 局长比尔·纳尔逊（Bill Nelson）的公开信中说，"两个月球着陆器相互竞争"，可以降低价格和提升质量。[1] 贝索斯的支持者——华盛顿州参议员玛丽亚·坎特韦尔（Maria Cantwell）提议，在参议院两党通过的《无尽边疆法案》（Endless Frontier Act）中增加 100.32 亿美元的预算（这个法案实在太荒谬），这样 NASA 就有足够的钱给 SpaceX 和蓝色起源，以此压低登月计划的价格。与此同时，受疫情困扰的美国民众只收到了 600 美元的微薄救济金，国会还拖延了一年发放；而马斯克则在推特上嘲笑贝索斯"搞不定"。[2]

贝索斯在夏天进行了一次太空飞行，时间略长于布兰森，而且他的飞船构造更像某种人体器官。在这之后，新闻报道铺天盖地，大多是为了吸引公众对太空旅游这个新兴产业的关注。这些巨富居然用为其他巨富建造太空游乐设施的方式回应我们全球的灾难？一些之前不怎么联系的朋友突然给我发短信，谈论维珍银河公司（Virgin Galactic）炫酷的太空飞机，蓝色起源公司的假人游客"天行者人体

---

[1] Bezos, "Open Letter to Administrator Nelson. "

[2] Elon Musk, Twitter post, April 26, 2021, https://twitter.com/elonmusk/status/1386825367948644352. 马斯克的推文"can't get it up"是个双关语，既指贝索斯的公司无法将火箭送入轨道，也含有"不能勃起"之意。——译者注

模型"（Mannequin Skywalker），药丸形状的太空酒店（950万美元住 12 晚，不包括食物），还有以冯·布劳恩命名的轮形酒店。愤怒的微博客用户一遍遍转发那次糟糕的采访，贝索斯在采访中说，除了太空旅行，不知道能用"亚马逊赚来的钱"做什么。①

没错，太空旅游的前景非常糟糕，甚至令人憎恶。但这只是险象环生的太空问题的冰山一角。太空企业家不仅渴望短期、刺激的零重力近地太空之旅，而且宣扬长远、乌托邦式的救世承诺。然而，这一切背后隐藏着巨大而复杂的科技、经济和军事利益，而这才是公私合作的实质。这是一个庞大的、政治性的太空怪物，一方面营造滑稽的太空度假幻想，另一方面则鼓吹悲怆的救世承诺，至于它真正的任务和意图，则完全被掩盖了。

太空先锋

1957 年，在"斯普特尼克 1 号"发射几个月后，艾森豪威尔总统的科学顾问咨询委员会（Science Advisory Committee）发布了《外太空引论》（Introduction to Outer Space）。② 这份简短的文件向美国民众表明，发展太空计划需要巨大的成本，并且列出了太空探索"重要性、迫切性

① Döpfner, "Jeff Bezos Reveals What It's Like to Build an Empire."
② President's Science Advisory Committee, "Introduction to Outer Space."

和必然性"的"四个因素"。

　　1. 探索（或者用委员会的说法，"人类探索和发现
的强烈冲动……去没有人去过的地方"——这为罗登
伯里提供了大量的素材）
　　2. 国防
　　3."国家威望"
　　4. 科学

　　作者们认为，这四个因素是相互关联的整体。科学探
索取决于探险者原始的好奇心，好奇心往往受国家威望的
驱动，而国家威望又依靠国家在探索、科学和军事方面的
成就来增强。"事实上"，这些身为科学家的作者们承认，
"探索超远程火箭"对现代太空科学的发展有着决定性的影
响。最终，整个太空计划将建立在军事利益和军事开支的
基础上。

　　30 年后，里根总统要求国家太空委员会（National
Commission on Space）修订艾森豪威尔的太空任务，计划与
苏联开展现实版的星球大战。里根的太空委员会——包括
奥尼尔和阿姆斯特朗在内——给美国太空计划增加了两项
重点：第一，在地球外建立殖民地；第二，在太空中启动
自由市场经济。作者将领土和金钱这两个重要目标结合在
一起，给报告取名为《开拓太空边疆》（*Pioneering the Space*

Frontier）。①

为使太空探索看起来可行甚至必要，委员会在报告开篇致敬了哥伦布，称他发现新大陆是美国开拓外太空的"序曲"。委员会声称："处女地和自由生活的机会吸引我们的祖先来到北美洲的海岸。"但这显然排除了那些被迫登上这片海岸的美国黑人先祖，也没有考虑那些早已在这里生活的美洲原住民。

从富裕的美国白人的角度出发，美国在 20 世纪已经耗尽了所有保障其"自由"的"处女地"。因此，这群富裕的白人领导者认为，他们需要拓展新的边疆，一个能让美国人呼吸——更重要的是——赚钱的地方。毕竟，没有经济支持，谁能在太空中生活？因此，里根总统的委员会总结道："我们必须在太空中激励个人主动性和自由企业的发展。"比如，建立各种基础设施，以便在其他行星上进行领土扩张，或者进入奥尼尔所说的圆柱体旋转太空舱。

经济发展将为致力于发展经济的外国殖民地奠定基础。这是弗吉尼亚公司（Virginia Company）和英属东印度公司（British East India）背后资本主义的承诺，就像今天的蓝色起源和 SpaceX 一样。私营企业将为帝国扩张铺平道路，而帝国扩张则回馈私营企业。因此，近年来企业对太空的投

---

① *Pioneering the Space Frontier: The Report of the National Commission on Space*, n. d.，https://www. nasa. gov/pdf/383341main _ 60% 20 - % 2020090814. 5. The% 20Report% 20of% 20the% 20National% 20Commission% 20on% 20Space. pdf.

资呈现爆炸性增长。2018 年，在太空、科学和竞争力小组委员会（Subcommittee on Space, Science, and Competitiveness）的会议上，得克萨斯州参议员泰德·克鲁兹（Ted Cruz）说："我预测第一个万亿富翁将在太空中诞生。我不知道他/她是谁，也不知道他/她会发现什么，或能取得什么成就。但是我认为，［太空］和几个世纪前的新世界一样，是一片广阔、极富前景的疆域。"①

从传统来看，这类经济冒险依赖于从处于争议的"处女地"上开采的"资源"和"原材料"。美洲出产黄金、木材、矿石、动物肉类，以及棉花、大米、烟草和糖；印度出产棉花、丝绸和香料，这一切都是通过奴隶劳工的劳动获得的。鉴于这样的历史背景，人们不禁开始担心，太空采矿作为太空经济的必要先决条件，它的到来对工人和土地本身意味着什么。在接下来的两章中，我们将讨论太空采矿的政治和伦理问题，但是现在我们准备探索庞大的太空怪兽最后的触手：战争。

美国要想将帝国势力扩展到"最后的边疆"，就需要艾森豪威尔和里根报告中提到的所有主要力量。它需要科学技术和知识（通过 NASA 和大学系统）、技术流水化（通过私营企业）、巨额的经济投资（通过国会拨款和风险投资），以及强大的意识形态动员（通过宣扬"美国精神""昭昭天

①　报道参见 Thompson, "Monetizing the Final Frontier" 和 Haskins, "Racist Language of Space Exploration"。

命"和"拯救人类"）。最后，这种高科技先锋弥赛亚主义还需要有力的军事支持，即组建太空部队。

无限边疆

2020 年，特朗普总统在国情咨文中宣称，开拓太空"边疆"是美国的"昭昭天命"，并宣布组建"美国武装力量的全新分支——太空部队。（掌声）这非常重要"。

和特朗普的大多数脱稿演讲一样，这次"非常重要"的讲话事与愿违，导致人们面对我们成立太空军队的消息时，产生了越来越多的嘲笑、恶搞、不信任和真正的愤怒。这些反应包括（排列顺序不分先后）：对军事化太空的决定忧心忡忡，对创建军队花费 7380 亿美元的国防法案感到震惊，无法理解总统将该部队定位为"独立但平等"的军事分支，不断调侃保护一堆卫星的有限英雄事迹，批评太空部队的制服（太空一片漆黑，太空军士兵为什么还需要绿色和棕色的迷彩服？他们会**在**太空中吗？难道他们不是主要待在无窗的隔间里研究数据流？），抑或对太空部队明显剽窃《星际迷航》中的标志感到愤慨［前星际舰队舵手饰演者竹井乔治（George Takei）在推特上发文说："嗯，我们期望从中拿到一些版税。"①］，嘲笑太空军士兵被称为

① George Takei, Twitter post, January 24, 2020, https://twitter.com/GeorgeTakei/status/1220823578825887745.

"护卫队"（"就像银河护卫队？"竹井在推特上戏谑道①），或者与许多无神论者和基督教和平主义者一样，对 2020 年初在国家大教堂为最新作战部队的"官方圣经"举行的祈福仪式感到憎恶。②

"全能的主啊，"美国圣公会军事和联邦事务副主教卡尔·莱特（Carl Wright）祈祷说，"我们祈求您，眷顾这个伟大国家的最高统帅，美国第 45 任总统，他仰望星空，梦想为全人类创造更安全的未来。"③ 太空探索被标榜为一项世俗事业，却举行了这样一种特殊的基督教祈福仪式，为此军事宗教自由基金会（Military Religious Freedom Foundation）和反诽谤联盟（Anti-Defamation League）提出了正式的抗议；同时，一些反战的耶稣信徒也深受困扰，无法认同这种支撑星系战争的神圣力量。但是，鉴于 500 年以来美洲大陆上发生的基督教—军事行动，以及"阿波罗 8 号"上诵读《创世记》的情形，那么为太空部队举行钦定版《圣经》的祝福仪式并不令人意外。（"这可是英王詹姆斯一世的钦定版《圣经》，"一位同事在社交媒体上指出，"所以我们应该期待，火星人马上就会说 17 世纪的英语了。"④）

---

① George Takei, Twitter post, December 18, 2020, https://twitter. com/GeorgeTakei/status/1340090866237546496.

② 2020 年 1 月 13 日，华盛顿国家大教堂为美国太空军的"官方圣经"举行祈福仪式，引起了一些群体和组织的抗议，因为它违反政教分离原则，赋予太空部队宗教色彩，给其他信仰和无信仰的人带来了困扰。——译者注

③ 报道参见 Welna, "Space Force Bible Blessing at National Cathedral Sparks Outrage"。

④ 在此感谢罗伯特·耶尔（Robert Yelle）。

太空部队意识到，自己在处理公众关系上可能存在一些问题，因此委托他人制作了一部简短、优雅的招募视频，取名为"意义"（Purpose）。① 视频以疏落的钢琴音开始，随后转为节奏紧迫的弦乐，不同肤色和性别的年轻士兵抬头仰望——灿烂的繁星、巨大的苍穹和高耸的火箭。一个低沉、平静的声音——有点像年轻的摩根·弗里曼（Morgan Freeman）——邀请观众在面对外太空这个"重大问题"时，思考自己"存在的意义"："如果？"

问题故意含糊不清，意在引发不同身份背景的新兵产生无穷的想象。如果我们的通讯网络瘫痪？如果朝鲜发射实弹？如果俄罗斯这次出手干扰投票机？如果小行星来袭？如果外星人正在观察我们？如果他们正在向我们靠近？

"也许你被安排在这里，不只是为了提出问题，"那个声音说道，"也许你被安排在这里，[停顿]本身就是答案。也许你在这个星球上的意义，[更长的停顿]不在这个星球上。"音乐戛然而止，画面定格在从某个太空飞行器看到的蓝色星球上，它被一颗细长的卫星环绕，上面还带有太空部队的标志。

面对来自各方的嘲笑和愤怒，招募团队在第一个视频中采用的策略是，唤醒美国人熟悉的神圣命运主题。繁星、

---

① United States Space Force commercial, May 6, 2020, https://www.youtube.com/watch?v=9ud7wgbBBnY.

宁静和"意义"的说辞触动了观众的宗教想象，而缺乏具体的细节（没有明确说明究竟是谁"把你安排在这里"。）使得宗教的含义不易被察觉，足以安抚愤怒的无神论者。完美，真是完美；如果不是对这一军种持续的嘲讽接踵而至，这一切本来真的很完美。

美国太空部队原定于 2020 年 5 月 6 日播出招募视频，但是 5 月 5 日网飞（Netflix）突然发布了由众多明星出演的讽刺喜剧《太空部队》（*Space Force*）的预告片，该片计划在月底上线。

"我们国家的网络依仗于我们脆弱的太空卫星，"一位虚构的国防部长在第一集中宣布，"总统想要完全称霸太空，2024 年前登陆月球。为此，总统要成立一支新军——太空部队。"话音未落，由史蒂夫·卡瑞尔（Steve Carell）扮演的"二号"空军将领马克笑出了声，直到国防部长说"……由马克全权负责"。卡瑞尔不再窃笑，而是哼了一声，"嗯，"然后蹦出了一句，"什么？"

《太空部队》虽然没有引起广大观众的兴趣，也没有收获很好的口碑，但它成功续订了第二季。在它最出彩的片段中，闹剧式的滑稽动作与真正的政治问题交织在一起，尤其是在约翰·马尔科维奇（John Malkovich）扮演的首席科学家身上体现得最为明显。他在一集中质问，为什么他的科研预算"远不如将太空变成死亡派对所投入的资金"。[1]　92

----

① *Space Force*, episode 1:3.

卡瑞尔扮演的角色也表达了对特朗普时代极端民族主义的批评。（"登月！"在一个四分之一满座的礼堂中，他对着高中生听众说，"嗯……请放心，那里将会出现美国的靴子。靴子里面是美国人的脚。"）①

《太空部队》是由卡瑞尔和格雷格·丹尼尔斯（Greg Daniels）共同创作的讽刺喜剧，两人还合作过《周六夜现场》（*Saturday Night Live*）、《辛普森一家》（*The Simpsons*）和《办公室》（*The Office*）。看过乔恩·斯图尔特（Jon Stewart）、约翰·奥利弗（John Oliver）、蒂娜·菲（Tina Fey）、凯特·麦金农（Kate McKinnon）或斯蒂芬·科尔伯特（Stephen Colbert）作品的人，肯定对这种讽刺形式非常熟悉：它更像自由情绪的宣泄而非社会变革的手段。毕竟，这部剧没有破坏与它同时诞生的太空部队的基础，似乎只是让太空部队的形象变得有些负面。然而，世界却不得不忍受美国军方的这一新军种，并且永远承担它所带来的后果。

在同名电视剧上线六个月后，太空部队发布了一段更长的招募视频，但是氛围不再那么温文尔雅。② 这段视频名为"起源"（Origins），开场的声音尖锐而刺耳，宛如用手指在一个几乎空无一物的酒杯边缘摩擦，然后敲击它，产生恐怖电影中扭曲的音效。突然，一个模糊的物体撕裂橙

---

① *Space Force*, episode 1:1.

② United States Space Force commercial, October 28, 2020, https://www.youtube.com/watch?v=x619VW65l1Y.

红色的天空，发出震耳欲聋的**轰鸣声**。视频接着切换到另一个士兵凝视天空的画面，但背景音乐并不和谐，场景不断被爆炸所打断。导弹飞驰，炮火轰鸣，火箭喷射，巨大的火焰凭空出现又无处不在。一个短促、不安、充满男性气概的声音说道："如今，太空不仅对我们的生活方式至关重要，也是改变现代战争的绝对关键因素。"

你可能注意到，第一个视频"意义"丝毫没有提及战争，只是讲述前往太空的意义和想象。相反，第二个视频"起源"则充满了对"敌人""外国势力"和各方势力相互破坏的描述。旁白说："我们将在一个无上无下、无左无右、无所藏匿的环境中战斗。"在太空部队的操纵下，战事将永无尽头。（卡瑞尔，你还笑得出来吗？）

与此同时，意识形态开始出现前后矛盾。招募团队放弃神圣的天命观后，似乎再也没有其他妙计可施，只能用一些矛盾的修辞填补空白。视频脚本的台词看似精辟却毫无意义，例如，"我们未来必须领先一步""未来是我们创造历史的地方""我们将想象无法想象的东西，预见不可预见的未来，准备迎接不可能发生的事情"。这些浮夸的辞藻显得那么敷衍，显然是事后加上去的修辞手法。视频真正想表达的观点是，对决正式打响，宇宙战争已经开启。没有美好的形式，没有崇高的意义：一切都是为了在日益武装化的太空中维护国家的利益。特别是现在，视频中两次提到，太空已经成为潜力巨大的新兴经济领域。这支军队将会保护美国新的边疆，守护小行星上的矿山和火星上的种植园。

　　随着视频接近尾声，爆炸愈加猛烈，场景切换越来越快，背景音不断增大，之后声音骤然中断，就像第一个视频"意义"那样。最后，画面定格在被监视的地球上，上面鲜明地印着太空部队的标志，与第一次发布的视频相似。但是"意义"以太空的寂静结束，而"起源"却以片头怪异的高频嗡鸣声结尾。它似乎在说，我们绝非孤独的存在；我们始终被注视，始终被监听。因此，如果好人不在上空守望，坏人便会借机钻营。

　　这种好战的实用主义贯穿在该部队的"首部指导条令"中。这份文件于 2020 年夏天发布，公然以《太空力量》（*Spacepower*）为标题。值得注意的是，这份特朗普时代的文件以肯尼迪总统的话开篇，那是一句故弄玄虚的主张：为了"自由与和平"，美国必须占据主导。① 然而，除去这句引文（以及"思考天空之谜"的矫情开场白），这份文件没有表现出任何传统帝国主义的礼节。太空部队的目标并非传播民主、转化异教徒或"造福全人类"，而是为了应对美国无限"边疆"的普遍战争。守护者不是外交官或国际主义者，而是"保护、捍卫和施展太空力量的战士"。②

　　《太空力量》的作者们有时也承认，人们可以在太空中从事战争之外的事，比如探索、学习、发现、理解。当然，他们认为科学非常重要，但是"正是太空战争之道赋予了

---

① United States Space Force, *Spacepower*, iv.

② United States Space Force, *Spacepower*, vi.

科学意义"。① 换句话说，不为军事服务的科学毫无意义。不管怎样，《太空力量》的结论是，如果我们不能"保障和平利用太空"，未来将无人从事科学研究，而只有"战争"才能确保这种和平。②

在这种情况下，那些太空迷（更不用说国际法专家）可能会好奇，美国如何规避所有"太空竞赛"的限制。难道美国不受 1967 年联合国《外层空间条约》（Outer Space Treaty）的约束？该条约将外层空间③界定为"国际合作"领域，并限制其仅可"用"于"和平目的"。然而，美国太空部队拥有"轨道战争""太空电磁战"和"太空战斗管理"等"关键服务能力"，这真的符合"和平"的定义吗？④ 企业之间为争夺太空合同而导致地球轨道的污染，军事外包的不断升级，这又如何能称为"和平"？

当然，我们可能会期待，国际社会能够从几个世纪武力争夺资源和土地的行为中吸取教训。然而，想一想自欧洲人跨越海洋、白人驱车西进扩张以来，世界发生了什么变化？我们期待国家和企业在最后的边疆做些什么？

---

① United States Space Force, *Spacepower*, 53.

② United States Space Force, *Spacepower*, v.

③ 联合国文件将"outer space"翻译为"外层空间"。我们在涉及相关文件及讨论的段落，会根据上下文语境采用"外层空间"的译法，其余地方均译为"外太空"。——译者注

④ United States Space Force, Spacepower, xiii.

第五章

谁的太空？

95

家中充满了垃圾？空旷的太空等着你！

——瓦力①

① 瓦力是电影《机器人总动员》中的一个机器人，WALL-E 是地球版垃圾配置承载起重机（Waste Allocation Load Lifter: Earth Class）的首字母缩写。——译者注

人类的一大步

阿姆斯特朗确信自己加了不定冠词"a"。他说的是"一个人",而不是"人类",否则那句话就毫无意义。起飞前几个月,他一直在琢磨,直到与弟弟玩《大战役》(Risk)桌游时,在一张废纸上草草地写下那句话。他弟弟觉得很不错。可怜的阿姆斯特朗,不仅要充当飞行员、工程师和宇航员,还得扮演诗人。

那一刻终于来临。人类首位登月者测了测梯子的高度,确保能顺利返回登月舱,之后从最低的台阶跳下。"阿姆斯特朗登上了月球!"沃尔特·克朗凯特(Walter Cronkite)宣布[1],"尼尔·阿姆斯特朗,38 岁,美国公民,正站在月球上,就在 1969 年 7 月 20 日这一天。"

阿姆斯特朗的画面让现场解说有所中断。此时他扶着梯子,缓缓移动着月球靴,踏上"布满粉末的"月球表面,断断续续地说:"这是人的一小步……却是人类的一大步。"

克朗凯特停顿了一下。他的同事沃利·席拉(Wally

---

① CBS News, July 20, 1969, https://www.youtube.com/watch?v=gg5Ncc9GODY.

96

Schirra，前阿波罗计划宇航员）也很困惑，试着重新理解这句话。席拉的声音没有克朗凯特那样庄严，"我想那是阿姆斯特朗的一句名言，"他低声说道，"可是我没听懂。"

"呃，"克朗凯特喊道，"'人的一小步'……但我没听清第二句话。"他向网络监听员——也许是驻休斯敦的人员寻求帮助。片刻之后，"沃尔特叔叔"（Uncle Walter）多了几分自信，重复了一遍阿姆斯特朗即兴说的名言，但是仍然不太通顺。"man"和"mankind"都是"humanity"古老的带有男权特征的说法。如果这是"人"（man）的"一小步"，又怎么会是"人类"（mankind）的一大步？如果没有不定冠词"a"，阿姆斯特朗的话似乎应该是："这是人的一小步，人类的……一大步。"

这位月球漫步者返回地球后，明确表示自己加了不定冠词"a"。阿姆斯特朗身穿白色宇航服，手扶着梯子，站在地球的天然卫星上。对**他**而言，这是一小步，一个人而已。但是对我们来说，这一"小步"却是一"大步"，因为我们突然成为能够在另一个世界行走的生物。

我们知道，"为了全人类"的理念是美国太空计划一以贯之的思想主题。它出现在艾森豪威尔在"斯普特尼克1号"发射后的首次声明中，出现在太空部队《圣经》的祝福仪式中，甚至出现在"阿波罗11号"留在月球上的铭牌上："我们为了全人类的和平而来。"先把军事野心、经济前景和政治仇恨放在一边，美国希望向世界传递的信息是："我们做这一切都是为了你们。"

在"阿波罗 11 号"发射前几个月，NASA 组建了首次登月象征活动委员会（Committee on Symbolic Activities for the First Lunar Landing）。是的，你没看错，有一整个团队负责这次任务的仪式细节。一份早期备忘录显示，委员会主席威利斯·夏普利（Willis Shapley）最关注的问题是如何在美国民族主义和全球人道主义之间找到平衡。他写道："象征活动要给人们留下一种总体印象，即全人类的历史性一步是由美国完成的。"① 这种欺人之谈再次出现。我们做到了，我们第一个做到了，我们第一个做到是**为了你们**（不用谢）。

正是在这个委员会的指导下，"阿波罗 11 号"宇航员在月球上插上了美国国旗。鉴于阿波罗计划得到了许多国际公民在物质、科学和技术上的支持，而且它本身是"为了全人类"的利益，该委员会曾考虑在月球上插上联合国的旗帜，但是最终还是决定用庄严的星条旗淡化国际主义色彩。国会认可委员会的象征仪式，并且修改了 NASA 的拨款法案，规定任何由美国单独资助的任务，都不能在月球表面竖起其他国家或国际机构的旗帜。②

那么"为了全人类"究竟是什么意思？在迪士尼和冯·布劳恩等人的诠释中，它承载着物种层面的意义，意味着那种始于洞穴、发明工具以及利用风力、蒸汽和电力的生物正经历从尘土向星空的进化。然而，对于更关注具

97

① Willis Shapley, cited in Waxman, "Lots of People Have Theories about Neil Armstrong's 'One Small Step for Man' Quote."

② 参见 Gorman, "Cultural Landscape of Interplanetary Space," 100。

体问题而非所谓物种进化史的人，这个宏大叙事可能没有什么意义。20 世纪 60 年代末期的登月如何推动美国黑人的民权事业在地球上取得进展？阿波罗计划对解决越南战争的混乱局面有何贡献？登月对非洲和印度的去殖民化有何帮助？它对劳工运动、妇女运动、生育正义、同性恋权利、粮食短缺、人口贫困、独裁政权、难民安置、核扩散、水资源权益以及日益增长的气候危机意识有何立场？

爵士诗人吉尔·斯科特–赫伦（Gil Scott-Heron）在口头诗《白人登上了月球》（Whitey's on the Moon）中，描绘了登月和人文关怀之间的巨大失衡。该诗展示了两种截然不同的情景，朗诵者及其家人正面临医疗危机、财务短缺、公共设施服务终止和基本卫生问题，而"白人登上了月球"。随着诗歌的深入，我们逐渐意识到，白人进入太空、美国黑人四分五裂并非巧合，也绝不是政治手段或厌恶地球的逃避主义（如贝索斯和布兰森的太空之旅）所能解释的。

斯科特–赫伦的主人公诉说，自己付了太多的租金，因为房东需要上缴太多的税费，而这一切是因为"白人登上了月球"。当然，他自己也要缴税，几乎是他所有的薪水。与此同时，

食物价格不断上涨——
好像苦难还不够多，

一只老鼠来咬妹妹尼尔，

而白人登上了月球。

她的脸和手臂开始肿胀，

而白人登上了月球。

我去年挣的所有钱，

是为了让白人登上月球？

为什么我现在两手空空？

嗯！白人登上了月球。

　　不只是因为阿波罗号宇航员登上了月球，而贫穷、深肤色的美国人在与种族主义、贫困和疾病作斗争；不只是因为阿波罗计划故意转移民众视线，使其忽视深陷战争泥潭和反黑人暴力的局面；更不只是因为登月任务挥霍了穷人和长期被压迫者迫切需要的资金。马丁·路德·金的继任者拉尔夫·阿伯纳西（Ralph Abernathy）曾以此批评美国政府，并带着500人、两头骡子和一辆木制马车前往肯尼迪中心抗议登月计划。问题的关键在于，征服太空的竞赛依 99 赖于美国"大众"，他们的牺牲供养着那些标榜为了全人类征服宇宙的美国"少数人"升空。

　　贝索斯每一年半在蓝色起源上花费15亿美元，而这些资金足以为密歇根州弗林特市（Flint）的居民提供无铅水。马斯克在太空领域的各种古怪行为，让我们忽略了SpaceX"不健康、不安全"的工作条件。① 然而，在当前的情形下，

────────────

① Tutton, "Socitechnical Imaginaries and Techno-Optimism."

问题远不止于此。问题的关键在于，弗林特、博卡奇卡（Boca Chica）以及所有美国劳动者缴纳的税款都被用于资助国家太空计划，而该计划正逐渐由私营部门接管。与此同时，新一代太空企业家不仅逃避了穷人要缴纳的税款，而且通过联邦补助和合同的形式将那些税款**收入囊中**。说白了，美国人似乎直接向贝索斯和马斯克缴税。

不出所料，太空企业家打着拯救人类的名义为这一事业辩护。森林火灾肆虐，海洋水位上升，而白人登上了月球。更糟的是，他们还自诩登月是"为了全人类"。

阿姆斯特朗及其同事可能低估了"月球漫步"的社会影响，但在水深火热的星球上上演一场狂欢，绝不是他们心中的历史性"一大步"。我们需要再次回到以下问题：阿姆斯特朗、NASA 的仪式委员会、艾森豪威尔、约翰逊、肯尼迪和尼克松**究竟**在想什么？"人类的一大步"只是纯粹的象征？还是美国真的认为这会为全世界带来物质利益或精神提升？登月究竟在什么方面是"为了"我们？

要回答这些问题，并且理解 1969 年的承诺如何在 21 世纪 20 年代成为现实，需要搞清楚那个反复出现的介词。探索外太空到底是为了谁？**为了**到底是什么意思？

100　公共太空

震惊世界的"斯普特尼克 1 号"卫星发射两年后，联合国成立了"和平利用外层空间委员会"（Committee on the

Peaceful Uses of Outer Space)①，用来"管理外层空间的探索和利用活动，**为了全人类的利益**"。在这个带有使命性的宣言中，美国的口号获得了国际影响力，并为一些人提供了真正全球性的承诺。如果太空竞赛真的是"为了"全人类，那么确实应该成立一个代表性的机构来确定和裁决**为了**的范围。

1961 年以来，外空委下设两个分支机构：科学技术小组委员会（Scientific and Technical Subcommittee）和法律小组委员会（Legal Subcommittee）。前者负责评估当代太空利用的范围、前景和风险，涵盖气象、导航、通信、教育、农业、医疗保健、军事行动和国家防御等领域；而后者负责审议有关责任、合作以及最重要的所有权问题。

聊到所有权问题，我们可能会想起霍普的轶事，就是那个在加利福尼亚北部一间办公室出售月球（以及太阳系其他天体）领土的人。他坚称自己有权这么做，因为根据他在 1967 年《外层空间条约》中找到的漏洞，他就是这些土地的所有者。《外层空间条约》是联合国在国际空间法领域批准的五个条约中的第一个，也是最重要的一个，严格意义上应称为《关于各国探索和利用包括月球和其他天体的外层空间活动所应遵守原则的条约》（Treaty on Principles Governing the Activities of States in the Exploration and Use of Outer Space, Including the Moon and Other Celestial Bodies）。

---

① 以下简称"外空委"。——译者注

该条约的第 2 条明确规定："外层空间，包括月球和其他天体，**不得为国家据为己有**"。换言之，没有人可以据为己有。

"不，"霍普理直气壮地反驳，"规定的是**国家**不能占有。但是条约里没提及个人，所以，我，丹尼斯·霍普，可以宣称对月球和其他天体的所有权，我打算继续把它们卖给地球上的好人。"很遗憾，该条约未对个人或者企业（美国法律承认企业的法律人格地位）做出规定，这仅是它的众多缺陷之一。这就是我们目前的条约。

101 　20 世纪 50 年代末到 60 年代，联合国已经清楚地认识到，在太空所有权问题上，前殖民大国与被他们剥削实现工业化的国家之间存在着巨大的不平等。较贫穷的国家和一些悔过的富裕盟国担心，如果不制定一套管理太空"新边疆"的新规则，那么地球上的不平等现象将进一步加剧。我们应该知道，地球上的边疆遵循"无主之地"的原则。如果一块土地被认为无人占有或未被充分利用，那么它就可以被第一个主张拥有它的欧洲国家夺取或购买。

《外层空间条约》规定，外层空间无论以任何方式都"不得为国家据为己有。"显然，它试图为文明探索外层空间开启一条新道路，将其与现代地球上的土地抢夺战区分开来。条约制定者想说的是，太空不是政治理论家所说的无主之物（*res nullius*），而是共有之物（*res communis*）。因此，太空不能为强权国家据为己有，而**是我们所有人的共有之物**。

条约的序言明确表达了这种共同的意愿，它宣扬外层空间利用所遵循的"信念"，即"为了全人类的利益，不论他们的经济或科学发展程度如何"。条约的第 1 条也清晰地阐释了这种观点，它主张探索和利用外层空间应"本着为所有国家谋福利与利益的精神"，并且声称太空是"全人类的事情"。然而，下面的一句话极大地限制了这些事情的范围和共同权力，它宣称外层空间可以由"各国自由探测及使用"。

乍一看，这句话似乎与前面的措辞一样美好：外层空间属于所有人，因此"各国"可以"自由探测及使用"。但是"各国"究竟该如何前往外层空间？1967 年《外层空间条约》签署时，只有苏联、美国和法国拥有卫星。只有极少的国家启动过太空计划，许多国家则经历了被帝国主义大国一个世纪的土地资源掠夺和利益榨取，刚刚从其统治下获得了独立。如果告诉一个国家可以自由进入太空，而它完全没有能力做到这一点，这又有什么意义？

《外层空间条约》中存在着平等与自由之间的深刻冲突。平等原则主张每个人都享有进入外层空间的权利，自由原则主张每个人都被允许享有实现这一权利的自由。既然只有极少数国家**有能力**实现它，那么自由原则就破坏了平等原则。富裕国家冲向太空，宣读《圣经》，并且"为了全人类"插上旗帜，贫穷国家却远远落后。

条约里的规定还有很多，各种细节可能会让我们感到乏味。联合国后续通过的三个条约进一步阐述了这些规定，

102

要求各缔约国向遭遇意外的宇航员提供救援，为发射进入轨道的物品承担责任并进行公开注册。除了附加条款，条约中还有两个重要声明：第一，外层空间应"为了全人类的利益"；第二，太空仅用于"和平目的"。

我们知道，"为了全人类的利益"条款中的平等被"自由"削弱和践踏。遗憾的是，"和平目的"条款也遭遇了类似的命运。

为避免发生导致联合国成立那样的灾难性战争，《外层空间条约》的第4条规定：各缔约国不在外层空间放置载有核武器或任何其他种类大规模毁灭性武器的物体；不在天体上或环绕地球的轨道上装置这种武器，也不"以任何其他方式在外层空间"设置这种武器；外层空间应"专为和平目的"。然而，正如第2条规定那样，第4条中的共同宣言也有一个巨大的例外，紧接着又有一个例外：

1. 禁止**在天体上**建立军事基地、军事设施和工事，试验任何类型的武器和进行军事演习。（着重强调）

2. 不禁止出于科学研究或任何其他和平目的而使用军事人员。

重新审视第一个句子就会发现，虽然它禁止"在天体上"建立军事基地和实验武器（甚至包括常规武器），但是没有禁止在轨道上或穿梭的航天器上进行这些活动。此外，第一句禁止在月球或其他天体上建立军事基地，却允许在

103

这些天体上安置军事人员。第二句进一步确认，一个国家可以在太空中驻扎各类士兵，只要这些士兵是在追求"和平目的"。

正是利用这个巨大的漏洞，特朗普政府推出了美国的第六军种。有人可能觉得荒谬，一个公开追求《外层空间条约》"和平目的"的国家，竟然考虑建立太空部队。其实，对于美国明显的侵略行为，许多联合国成员国既感到匪夷所思，又非常沮丧。① 然而，美国坚持声称，这只是为了自卫而非侵略。俄罗斯和中国都在开发反卫星技术。因此，从五角大楼的角度来看，成立太空部队是出于国家自卫的目的，受联合国宪章第 51 条的保护。②

即使太空部队遵守法律条文（对此我不确定），但它完全违背了条约的精神。《外层空间条约》主张将外层空间用于"和平目的"，太空部队却宣扬太空是"世界新的作战领域"。③ 更不可思议的是，它一边这么做，一边声称自己忠于条约。有报道甚至主张，面对"潜在竞争对手"的发展，太空部队的存在反而有助于美国遵守该条约。俄罗斯和中国的反卫星计划可能威胁美国的行动，特别是在快速发展

---

① United Nations Office for Outer Space Affairs, Committee on the Peaceful Uses of Outer Space, "Report of the Legal Subcommittee on Its Sixtieth Session."

② 参见 Foster and Goswami, "What China's Antarctic Behavior Tells Us"; United States Department of Defense, "Final Report on Organizational and Management Structure for the National Security Space Components"。

③ United States Office of Space Commerce, "National Space Policy of the United States of America."

的太空经济领域，而条约保障各国"和平探测及使用外层空间"的权利。如果外国势力干扰美国卫星，扰乱其信号，那美国如何享受条约所承诺的"自由利用"？简而言之，若没有太空部队，美国将无法行使"自由享有"（和平？）追求经济利润的权利。① 就像太空部队的指导条令所说，"我们只有确保和平利用太空，才有可能实现事业的成功"，而他们只能通过战争来确保这种和平。②

非公有太空

尽管美国第六军种的成立和企业太空竞赛是最近的现象，但从阿姆斯特朗和奥尔德林在月球插下星条旗的那一刻起，军事化和侵占的趋势便愈演愈烈。外空委意识到，《外层空间条约》无法阻止外层空间成为资源掠夺和战争的场所，于是便在 20 世纪 70 年代又起草了《月球协定》（Moon Treaty）。

《月球协定》的正式名称为《关于各国在月球和其他天体上活动的协定》（Agreement Governing the Activities of States on the Moon and Other Celestial Bodies）。它在开篇便表明，缔约国希望"不使月球成为国际冲突的场所"。③ 为此，

---

① United States Department of Defense, "Final Report on Organizational and Management Structure for the National Security Space Components," 3.

② United States Space Force, *Spacepower*, v.

③ United Nations Office for Outer Space Affairs, Committee on the Peaceful Uses of Outer Space, "Agreement Governing the Activities of States."

缔约国同意遵守与《外层空间条约》相似的行为准则，包括：太空专为和平目的，禁止在太空放置核武器，太空探索应"为了全人类的利益，不论他们的经济或科学发展程度如何"。与《外层空间条约》不同的是，该协定进一步解释了"为了全人类的利益"的**含义**，并且这个含义不只是象征性的。

《月球协定》第11条规定，"月球及其资源均为**人类的共同继承财产**（着重强调）。"1967年，马耳他大使阿维德·帕尔多（Arvid Pardo）在关于《联合国海洋法公约》（UN Convention on the Law of the Seas）的讨论中提出了这一概念。他认为，"竞争式争夺"只会让"强者更强，富人更富"，为避免这种情况，他建议将海床和洋底视为"人类的共同继承财产"。也就是说，从国际水域获取的一切资源属于所有国家。尽管海洋资源共享的构想最终没有实现，但《联合国海洋法公约》最初的共同目标被纳入了《月球协定》中。

《月球协定》强化了《外层空间条约》的行为准则，明确禁止各国占有天体或任何部分以及"其中的自然资源"。因此，任何国家都无权拥有月球、月球地区或月球极地的冰。这意味着，"所有缔约国应公平分享"从月球或其他天体开发的资源。对"发展中"国家给予特别的照顾。换句话说，即使富裕国家"独立"执行探索任务，也必须与贫穷国家分享他们开发的资源。（毕竟，是谁提供了数个世纪的资源和强制劳动，造就了这些国家的富强？）此外，

第 11 条规定，"一俟月球自然资源的开发即将可行时"，缔约国各国将建立监督和管理月球资源商业开采的国际机构。

至少在我看来，《月球协定》相当合理。这些从事太空探索的国家，尤其是美国，一直强调自己是"为了全人类"。各国通过《外层空间条约》达成共识，同意太空应专用于和平目的。因此，为了为"全人类"建立一个和平共同体，避免重蹈地球上帝国主义的覆辙，甚至修复一些它造成的损害，我们需要成立一个国际机构来分配资源，确保所有人都能从太空中受益（虽然当时人们对此并不确定）。通过这种方式，阿姆斯特朗的一小步或许真的可以成为人类的一大步。

然而，美国拒绝签署这一协定，俄罗斯、中国以及联合国大多数成员国也没有签署。到 1984 年，协定才获得足够多的赞成票成为国际法，但它仅在九个缔约国有法律效力，而且这些国家都不是太空强国。

历史本可以有另一种走向。美国代表团确实签署了《月球协定》，但遭到了参议院的否决。为什么否决？2020 年，特朗普政府国家太空委员会的执行秘书斯科特·佩斯（Scott Pace）吹嘘说，"为了阻止美国签署或批准……《月球协议》"，他在 1979 年组织了一场"基层运动"。他甚至没有将其称为协定，他解释自己反对的两个主要理由：首先，美国人不应受制于非选举产生的国际监管机构（如《月球协定》中提到的）；其次，

106

私人投资者只有获得资源专有权保证后，才会支持开采太空资源的任务。佩斯认为，任何明眼人都能看出，外层空间即将迎来经济爆炸，而《月球协定》会对此产生负面作用。佩斯是 L5 协会（L5 Society）的早期成员，这并不让人意外，该协会致力于实现奥尼尔旋转太空殖民地的愿景。[①]

这一破坏《月球协定》的举动导致美国走上了另一条路：推动里根太空淘金热的梦想，引领乔治·W. 布什实现太空探索私有化，最后促成奥巴马签署《商业太空发射竞争法案》（Commercial Space Launch Competitiveness Act）。在第一章中提到，2015 年，这部两党大力支持订立的法案宣布，太空资源归任何有能力开采的"美国公民"所有。太空资源不再是"人类的共同继承财产"，而是某些人的专有财产——只要他们有足够财力到达那里并抢占资源。

这里的"某些人"包括企业。根据美国 2010 年最高法院的裁定，公司在法律上也被视为"人"。因此，从各个方面来讲，2015 年的《商业太空发射竞争法案》为投资者注入了最后一支强心剂，促使资金纷纷流入太空领域。仅2017 年，商业太空投资就达近 40 亿美元，几乎是过去五年

① L5 协会是 1978 年成立的非营利组织，致力于推广太空殖民的理念。该组织以美国物理学家和太空先驱奥尼尔的理论为基础，提倡在拉格朗日 L5点建立大型太空居住站。地球与月球之间的拉格朗日 L5 点是太阳、地球和月球形成的稳定平衡点，被视为未来太空探索和居住的理想位置。——译者注

所有行业私人投资的一半。① 截至本书撰写时，全球太空产业的价值达到 3500 亿美元，预计到 2040 年将超过 1 万亿美元。② 面对即将到来的暴利，一位太空采矿公司的 CEO 甚至将《商业太空发射竞争法案》比作商业版的《宅地法案》。③ 终于，最后的边疆开放了。

2020 年 4 月初，我从一些寻求空间正义的社交媒体频道得知，特朗普已经单方面将太空"资源"移交给了私人企业。依照第 13914 号行政命令（Executive Order 13914），"美国认为［外层空间］并非公共资源。因此，美国的政策将会……鼓励公共和私人开采和利用外层空间资源。"④ 我在浏览各种新闻媒体后，开始感到恐惧。美国不是《外层空间条约》的缔约国吗？条约规定外层空间是"全人类的事情"！自苏联发射"斯普特尼克 1 号"卫星以来，美国历任总统不都向我们保证"全人类"将从美国的太空领导地位"获益"？阿姆斯特朗不是说他的月球漫步是为了我们所有人吗？

我逐渐意识到，特朗普的行政命令其实没有任何新东西。它呈现了美国太空计划本来的样子，而且褪去了传统人道主义的外衣。从约翰逊追求"全面控制"太空，到肯

① Cohen, "So You Want to Buy a Space Company?"
② Dovey, "Mining the Moon."
③ Wall, "New Space Mining Legislation."
④ Executive Office of the President, "Encouraging International Support for the Recovery and Use of Space Resources."

尼迪坚持"我们必须第一"，再到否决竖立国际旗帜的登月仪式，一直到奥巴马通过《商业太空发射竞争法案》，美国的立场从未改变。《月球协定》的反对者佩斯毫不掩饰地宣称："外层空间不是'全球公共领域'，不是'人类的共同继承财产'，不是'共有之物'，更不是公共资源。"①

当然，许多人不认同这一观点。除了越来越多的原住民、黑人以及西方和全球南方的学者、活动家——我们将在后两章重点讨论他们，在联合国内部也有人主张太空应被视为公共领域。甚至在 2021 年联合国外空委会议上，有代表团请求联合国不要推动"太空商业化"，因为太空是"人类的共同继承财产"②。直到现在也有人呼吁，太空探索国家应停止太空军事化，不再绕过联合国制定法律和条约，签署《月球协定》，让每个人以不同的方式参与"太空"活动。然而，外空委没有司法权力。成员国除了互相指责对方违反《外层空间条约》外，无法采取任何有效的反制措施。因此，如果俄罗斯、中国和美国认定太空不是公共领域，那么从现实意义来说，它就不是。

鉴于"现实意义"最重要，NASA 决定通过购买部分太空资源，**证明**太空并非公共领域。2021 年 9 月，NASA 向"月球前哨站"（Lunar Outpost）支付了 10 美分，作为购买月壤的定金。一旦这家太空采矿公司成功采集月壤，并将

108

---

① Pace, "Space Development, Law, and Values."
② United Nations Office for Outer Space Affairs, Committee on the Peaceful Uses of Outer Space, "Report of the Legal Subcommittee on Its Sixtieth Session."

其转移到月球上的其他地点，NASA 将为"交付"物质支付剩下的 90 美分。NASA 解释说："此举将开创重要的先例，在遵守《外层空间条约》第 2 条和其他规定的情况下，可以从私营部门购买月球资源。"① 换句话说，购买月球资源的行为将证明购买月球资源的可能性。如果有人反对，可以向外空委申诉，外空委将如实记录这些没人会看的反对意见。

怪圈游戏

对美国而言，太空不能成为"共同继承财产"的原因在于，共有理念会弱化资本主义的逻辑。分享资源意味着利润不能最大化，而利益最大化是新兴企业太空竞赛的中心目标。这不只是美国太空企业家的想法，也是国家关注的头等大事。

按照 2020 年的美国《国家太空政策》，太空计划的首要目标是"刺激经济增长"②，其次是"推动经济自由"。虽然该政策还提出了其他目标，如提高生活质量和推广民主，但它们只能在扩大市场（经济增长）和放宽管制（经济自由）之间的夹缝中生存。此外，美国国防部（Department of Defense）2018 年的《太空部队报告》（Space Force

---

① NASA，"The Artemis Plan."
② United States Office of Space Commerce，"National Space Policy of the United States of America."

Report）中列举过三项主要任务，第一项便是"保护我们的经济"。①

我们应该记得，在为美国人民颁布的《外太空引论》中，艾森豪威尔给出了推行太空计划的四个重要理由：探索、国防、"国家威望"和科学。② 在他之后的继任者那里，出现了凌驾一切之上的第五个原因：金钱。即便国防部也承认，头等大事是保护国家经济利益。"国家威望"建立在经济实力的基础之上，"探索"无外乎获取资源，"科学"……嗯，科学很少被提及，它不过是为新兴经济发展服务的仆人。

这可能有些夸张，但并不是特别离谱。NASA 最近的出版物确实强调科学优先，但是科学优先通常被视为实现军事—经济目标的手段，具体来说，最终的目标是重登月球、进军火星。

我们应该记得，特朗普和彭斯下了死命令，要求在 2024 年之前"重返月球"，为此 NASA 启动了阿尔忒弥斯计划。根据 NASA 官网上的描述，该计划之所以用阿波罗的孪生妹妹阿尔忒弥斯命名，是因为它将"让第一位女性和第一位有色人种踏上月球"。③（特朗普政府原先的表述是，在

---

① United States Department of Defense, "Final Report on Organizational and Management Structure for the National Security Space Components of the Department of Defense."

② President's Science Advisory Committee, "Introduction to Outer Space."

③ NASA, "Artemis Plan."

2024 年看到"下一位男性和第一位女性"登陆月球表面，后来 NASA 做了修订，更加关注种族平等。）NASA 称，这第一位女性和第一位有色人种（可能恰好是同一位宇航员），将与"商业和国际伙伴"合作，旨在"建立可持续探索"，进而"利用我们所学的知识……迈出一大步——将宇航员送往火星"。

时间安排刻不容缓。还记得彭斯 2019 年的演讲吗？当时他要求 NASA"加倍努力"完成任务，否则他会换人。拜登政府官员暗示，相较于前任政府，他们会给 NASA 官员留有更多的余地。不过就任务本身而言，目标仍然是 2024 年将宇航员送回月球，2028 年建立永久基地，21 世纪 30 年代后期前往火星。

有人可能会问为什么。我们为什么要重返月球而不是探索其他宇宙天体？为什么要前往火星而非金星？几十年以来，金星探索始终没有获得足够的资金支持并取得进展。① 为什么派遣人类宇航员而非探测器和机器人参与阿尔忒弥斯计划？既然存在这么多问题，为什么还要探索太空？为什么不投资直接造福地球的空间技术，例如气象跟踪、能效提升、灾难救援和环境保护？

很遗憾，我并没有找到明确的答案。不过，我发现了一个逻辑循环：我们在太空建立永久基地是为了获取和利用资源，而这些资源又用来建立长久基地。我们需要殖民

---

① Andrews, "NASA Just Broke the 'Venus Curse.'"

地来支撑经济，也需要经济来维持殖民地。但是我们为什么要做这一切？

尽管私营部门和公共部门的目标相差无几，但给出的答案截然不同。自诩为救世主的企业及其追随者警告说，危险迫在眉睫，他们大声疾呼，如果我们不进军太空，人类将无法存活。与此同时，NASA 重新编排肯尼迪关于"美国在太空领导地位"的讲话。根据 2020 年的阿尔忒弥斯计划，"登月计划和火星计划将确保美国始终处于探索和发现的前沿"。① 严格的时间安排将确保我们尽快完成任务（越快越好）。为什么美国需要保持独特的"前沿"地位？紧迫感从何而来？

NASA 计划的制定者似乎认为，一切不言自明：我们必须登陆火星，越快越好。他们没有说明原因，而是再次使用浮夸的辞藻，声称这项计划将"引领并激励美国和全世界"，却避而不谈其背后的含义。② 他们刚刚还在宣扬谋求美国对其他人类的支配地位，紧接着就称颂"阿尔忒弥斯计划是**人类创造未来的探索**"。他们用赞美的语调说道，*111* "在最后的边疆有无尽的发现和增长"，仿佛英勇的开拓者形象会自动赋予太空计划重要意义，让我们忘记原本的问题。然而，如果抛开浪漫和怀旧的情感，重新回到问题本身：**我们这样做是为了什么？**

---

① NASA, "Artemis Plan," 58.
② NASA, "Artemis Plan", 60.

也许令人惊讶的是，最坦率的回答竟然来自贝索斯。并不是说我们不去太空就无法生存，而是无法继续**像现在这样**生活。自 15 世纪末以来，推动工业革命、引领数字时代的资本主义经济体制始终依赖于资源攫取和劳动力剥削。尽管奴隶制和契约劳工的形式在现代社会并没有终结，但以此为基础的牟利方式正面临物质资源的限制：地下的石油、山上的黄金、山中的天然气、湖中的清水和矿中的钛都是有限的。

在这种背景下，太空探索预示着无限的资源。据估计，仅小行星带中的金属储量就足以为"地球上的每个人带来1000 亿美元"。[①] 当然，这些财富永远不会实现。部分原因在于，《月球协定》的败局使"全人类"无法从蓬勃发展的太空经济中获益，犹如塞拉利昂人无法从钻石贸易中获利一样。此外，将藏在小行星深处的水、矿石、黄金和白金运回地球的成本过高。即使有能力直接"传送"，以镍为例，大量镍的涌入势必导致地球镍市场的崩溃。因此，除了部分制造商使用少量稀土元素，从太空中获得的资源主要在原地消耗。月球上的水可以为火箭提供燃料，重型元素可以用来建造工具、基地、车辆和居住地，无需再从地球运输。

让我们迎接这场怪圈游戏。我们为什么在外太空开采资源？为了在神秘而遥远的宇宙中居住、工作和探索。为什么在那里居住、工作和探索？为了弄清楚如何开采资源。

我们受困于"资本主义增长的周期性规律"，它告诫我

---

① Quinn, "New Age of Space Law," 487.

们"必须为了扩张而扩张"。① 一旦市场停止扩张,利润就会暴跌,然而市场不可能无限扩张……至少在有限的星球上如此。艾恩·兰德(Ayn Rand)似乎对此已有所洞察。她在《阿特拉斯耸耸肩》(Atlas Shrugged)结尾处写道,自由主义英雄约翰·高尔特(John Galt)举起手,"在太空中向着荒凉的地球画美元符号"②。

对高尔特的当代信徒来说,太空竞赛是维持气候活动家格里塔·桑伯格(Greta Thunberg)"后期资本主义经济永恒增长的童话"的唯一方法。③ 这类童话故事保证,贝索斯的后代会比他使用更多的能源。更多的资源驱动更多的设备,从而交易更多公司的股份,而这些公司购买和出售为制造更多设备所需的资源。这些设备功能强大,可以让我们在太空漂浮的旋转舱中和地球居民视频通话。

困在果壳之中

对贝索斯来说,这绝不只是童话。我们真的会在太空殖民地生活——至少**应该**这样,如果我们想拥有某种未来,而不只是过"乏味的"生活。他认为,有限的资源无法带

---

① AlinaUtrata, "Lost in Space."

② Ayn Rand, *Atlas Shrugged*.

③ Charmaine Curtis Jacobs, "Letters to the Editor: Greta Thunberg's Powerful Rebuke of 'Fairy Tales of Eternal Economic Growth,'" *Los Angeles Times*, September 24, 2019, https://www.latimes.com/opinion/story/2019–09–24/greta-thunberg-climate-change-speech.

来无限的增长。不过，我们一旦解锁无限宇宙中的无限资源（煽情的承诺来了），就没有做不到的事，没有完不成的目标，没有实现不了的梦想。

结论的前半部分或许正确：宇宙似乎是无限的。当然，它也可能是有限的（我最小的弟弟曾在 11 岁时问我："宇宙的尽头在哪里？"）。[①] 无论宇宙是否存在边界，它如此浩瀚以至于完全没有理由**否认**它的无限——至少从相对迷你的地球、太阳系甚至银河系的角度来说。然而，这并非贝索斯观点中的问题所在。

¹¹³ 问题在于，贝索斯像马斯克那样宣称，他的探险活动会使无限的太空向"全人类"**开放**，但事实上并非如此。他们只是借助影响深远的神话为一小撮富人谋取利润。与此同时，大多数人仍疲于缴纳房租，寻找干净的水源，支付高额的医疗费用，在火灾和洪水袭击家园之前撤离，设法应对交通拦截或边境检查，或同时保住工作和未接种疫苗的婴儿。即使这种制度有可能推广到火星，我们的梦想也不会因此而"无限"放飞。相反，它将让我们陷入地球开采和殖民模式所产生的暴力、恐惧和不平等之中。只不过在火星上，我们还得为空气付费。

"无限太空"最显著的局限性表现在，我们身边的垃圾日益增多。它们不仅充斥于海洋和堆积如山的垃圾场，而且就在我们身边：在轨道上，外太空显然是有限的。

---

① 参见 Rubenstein, *Worlds without End*, 212。

＊　　＊　　＊

很久很久以前，陆地、天空和海洋里还没有任何生命存在，某个巨大的**物体**突然撞击我们布满熔岩的星球，导致一些碎片飞出并进入轨道。这些碎片冷却、凝聚后，形成了我们的月球。月球的质量足以稳定地球的轨道，平息变化无常的气候，主宰产生细菌的潮汐，而细菌则进一步形成了无脊椎动物、脊椎动物、爬行动物、哺乳动物、植物和灵长类动物……后面的故事大家都知道了。45亿年来，月球是地球唯一的卫星。直到1957年10月，月球有了一个新伙伴，"斯普特尼克1号"及其运载火箭与月球一同漂浮在孤独的椭圆轨道上。

从此以后，太空轨道开始变得拥挤不堪。过去几十年里，从事太空探索的国家几乎从来不会考虑把垃圾留在轨道上的影响，毕竟宇宙如此浩瀚！但遗憾的是，超级发达国家的垃圾问题更为严重。"斯普特尼克1号"发射65年后，轨道上已经有7000多颗卫星，它们以每小时18000英里（约28968千米）的速度运行，其中一半以上是失效的。[1] 太空里还有其他东西，例如，宇航员太空行走时不慎掉落的工具，故意留下的尿液，废弃的火箭层级、螺栓、支架、螺丝钉，还有罗登伯里和其他人的骨灰——他们雇佣私人公司将自

114

---

[1] Mohanta, "How Many Satellites Are Orbiting the Earth in 2021？"

己的遗体火化后送入轨道。①

也许你会问："难道没有人在那里清理吗?"这是个好问题。我们去海滩或州立公园时，必须带走制造的垃圾，但是太空旅行者却不用。阿波罗计划六次载人登月任务共在月球表面留下了96袋人类废弃物——尿液、粪便、呕吐物和食物残渣。② 这样做是为了抵消带回地球的月球岩石的重量，而且他们认为，太阳辐射会给这96袋废弃物"消毒"。但是他们肯定知道，袋子本身以及里面的尿片和湿巾也会留在太空吧?（还有登陆器、旗帜、奇怪的小匾牌以及宇航员留在漫游车上的《圣经》?③）

尽管月球上的垃圾问题很糟糕，但轨道上的垃圾问题更为严重。我们都知道轨道上高速运行着大量物体，但是并不清楚该采取什么措施。理想情况下，废弃的装置坠入地球大气层后会被烧毁，也有一些可能会逃过一劫，坠落到我们的海洋、后院、森林和原住民的土地上。然而，大多数废弃物会永远留在高速运转的轨道上，以惊人的速度撞向其他物体。

毋庸置疑，这些飞驰的太空垃圾会造成巨大的破坏。即使微小的金属碎片也能在哈勃太空望远镜划出凹痕和孔洞，导致国际空间站的玻璃破裂，更大的物体甚至会使整个基地瘫痪。当两个大型物体相撞时——就像众多废弃的

---

① 参见 https://www.celestis.com/; https://www.beyondburials.com。
② Resnick, "Apollo Astronauts Left Their Poop on the Moon."
③ Millard, "The Only Bible on the Moon."

卫星那样，会向四面八方迸射成千上万的碎片，造成更大的破坏。如果这类事件累积起来，

> 将引发一系列无法控制的连锁反应。碎片变得越来越小，越来越多，运行方向也趋于一致，仿佛一个 *115* 流沙漩涡。这种噩梦般的情景后来被称为凯斯勒综合征（Kessler syndrome）。在某个时刻，它会使近地轨道空间陷入瘫痪。从理论上讲……我们的星球可能会形成一个类似土星的环，只不过是由垃圾构成的。①

在目前的清理提案中，最有效的是一种立方体卫星技术，它利用"鱼叉"和"渔网"追踪太空垃圾。② 不过，这种"瓦力"和"白鲸"（Moby Dick）③ 的结合体还没有成功地捕捉到任何目标。即使成功了，也不清楚谁愿意为此买单。哪个国家愿意为清理轨道上的垃圾支付数百万美元的费用？哪个私人投资者被太空冲昏了头，愿意为宇宙清洁系统研发提供资金支持？

截至 2021 年，NASA 追踪的绕地飞行体超过了 26 个，它们威胁着正常的太空任务。但这只是大件物体。欧洲航天局目前估计，太空中有 3.4 万个直径大于 10 厘米的物体，90

---

① Khatchadourian, "Elusive Peril of Space Junk."
② 参见 https://astroscale.com/。
③ "白鲸"源自美国作家赫尔曼·梅尔维尔（Herman Melville）的小说《白鲸》。——译者注

万个直径在 1 厘米到 10 厘米之间的物体，以及 1.28 亿个直径在 1 毫米到 1 厘米之间的物体，[1] 其中 95% 是垃圾。[2]

目前还没有全球公认的太空碎片目录，因此也没有可靠的方法避免与这些小型碎片发生碰撞。然而，得克萨斯大学航天工程师莫里巴·贾（Moriba Jah）正在试图解决这个问题。他自称是一个"太空环保主义者"，设计了名为星载仪（Astria Graph）的地图，利用众包数据跟踪和监测太空碎片。[3] 星载仪的目标是成为"太空交通领域的位智（Waze）导航"，不论是普通市民还是国家航天机构，所有人都能在地图上做标记，提醒宇航员即将来袭的火箭零件和齿轮套件。[4]

然而，问题还在不断恶化。SpaceX 每两周向轨道发射 60 颗星链卫星，而贾的影像数据也因此越来越密集。目前 SpaceX 已向地球轨道发射了 1400 多颗卫星，并计划于 2027 年上半年再发射 42000 颗。与此同时，蓝色起源也获得发射数千颗卫星的许可。[5] 不过马斯克经常吹嘘说，蓝色起源的卫星"至少还要好几年才能运行"，而他的卫星则即将实现全球覆盖。

是的，全球覆盖即**将**成为现实。SpaceX 甚至在没有推出成熟的互联网服务之前，就将所有的卫星投入轨道。他

---

① 参见 Haroun et al., "Toward the Sustainability of Outer Space," 64。
② Dovey, "Mining the Moon."
③ 参见 http://astria.tacc.utexas.edu/AstriaGraph/。
④ Jah, "Acta non verba."
⑤ Sheets, "FCC Approves SpaceX Change to Its Starlink Network."

们为用户提供"聊胜于无"（Better Than Nothing）的测试版，每月99美元，外加一款经大幅补贴后仍售价499美元的"性感麦克平脸"（Dishy McFlatface）① 卫星天线。马斯克希望这一投资不会让他亏损太多，万一星链也像之前基于卫星的电信公司那样倒闭。无论星链是否成功，大多数卫星都将永远留在太空。

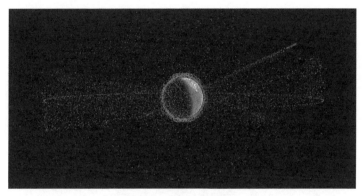

图5.1 轨道太空碎片

星载仪：得克萨斯大学奥斯汀分校，奥登计算工程与科学研究所，计算航天科学与技术组（Computational Astronautical Sciences and Technologies group, Oden Institute for Computational Engineering and Sciences, University of Texas at Austin）

---

① "性感麦克平脸"（Dishy McFlatface）是在戏谑"小船麦克船脸"（Boaty McBoatface）。2016年，英国环境研究委员会邀请公众为一艘科考船的名字投票，最终"小船麦克船脸"获得压倒性的优势，然而该机构并没有采纳，而是将其命名为"大卫·阿滕伯勒爵士"（Sir David Attenborough）。后来"XX McXXface"的恶搞流行起来，比如"Blanky McBlankface" "Punchy McAssface" "Poopy McPoopface" "Jerky McJerkface"等等。Android团队也在开发者预览版系统彩蛋中有Namey McNameface的名字。为了平息公众怒火，英国将一艘高科技、无人驾驶的潜艇命名为"小船麦克船脸"。——译者注

此外，卫星和碎片反射的太阳光会形成刺眼的白色光线，严重干扰天文观测。据天文学家估计，由于过去十年大规模发射航天器，夜空的亮度增加了十分之一，即便没有地面光污染的区域也无法幸免。①

值得肯定的是，为缓解天文学家的忧虑，SpaceX 采取了一些措施，例如，给卫星喷涂黑色涂层，以减少反射的光线。然而，这仍不足以缓解光污染的问题，而且涂层可

117

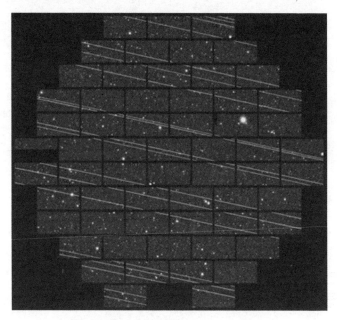

图 5.2　星链 19 颗卫星在夜空中划出的光线

图片来源：智利托洛洛山美洲际天文台/美国国家科学基金会/国家光学红外天文研究实验室/大学天文研究协会/暗能量相机局部星系体探索调查（*CTIO/NOIRLab/NSF/AURA/DECam DELVE* Survey）

---

① Ingraham, "Proliferation of Space Junk."

能会导致机器过热引发故障。于是马斯克像破坏环境的超级大国那样,宣称这么做是为了"全人类"的利益。这让我不禁想起20世纪60年代早期,杀虫剂公司猛烈抨击卡森的《寂静的春天》(*Silent Spring*),声称正是有毒的杀虫剂养活着全球。① 如今马斯克也宣称,他的卫星将为仍使用模拟通信的人提供数字化救赎。星链的"星座"计划将惠及那些被日常科技抛弃的人群,包括美国乡村的居民、非洲的村民以及全球各地的原住民。星链也像孕育它的500年殖民事业一样,宣称这是一项**公共服务事业**。

许多人对星链持怀疑态度。毕竟在测试阶段,只有中上层人士才能负担得起近500美元的设备和每月近100美元的费用。最近的研究表明,即使价格下调,卫星互联网的成本也远高于地面互联网,而且在人口密集的地区无法正常运行。② 另一方面,非洲的航天机构更倾向于将自己的卫星送入轨道,而不是依赖富翁牛仔们的突发奇想。③ 对于这些卫星是惠及原住民(几个世纪以来他们被迫迁徙到陆地网格的边缘)"公共服务事业"的观点,贾一针见血地指出问题所在:

118

---

① Lee, "'Silent Spring' Is Now Noisy Summer." 感谢瑟立文·达维(Ceridwen Dovey)在节目上介绍安妮·汉德勒(Annie Handmer)时指出了这种联系。"MVA Public Forum on the Moon," Space Junk podcast, August 18, 2020, https://www.youtube.com/watch?v=8SB_ZwVgGOs.

② Rawls et al., "Satellite Constellation Internet Affordability and Need."

③ Adebola and Adebola, "Roadmap for Integrated Space Applications in Africa"; Nakahado, "Should Space Be Part of a Development Strategy?"

> 没有人询问普通人对［卫星星座计划］的看法。没有人问过那些拥有深邃夜空并长期借助夜空理解季节变化的原住民……现在天空永远地改变了，没有人问过他们的意见。①

我在本书开始时提到，太空一片混乱，但实际情况比这更糟。太空是一场**灾难**（disaster）。该词字面意义是指，**星星**（astra）脱离原位，一切都失序了。就像现实的灾难那样，太空灾难影响着每一个人。原住民导航员看不到星星的指引，西方天文学家无法获取清晰的图像，国际空间站不得不做出重大调整避开飞来的碎片，那些投资者也开始担心他们的卫星在高速垃圾竞赛中被摧毁。甚至连太空部队也承认，轨道上的碎片正成为他们行动的重大阻碍。（为避免被进一步调侃为卫生部门，太空部队在请求民用机构去解决垃圾清理问题。②）总之，人们有共同的利益，即不被碎片砸中。这场共同的灾难能否让支持太空探索的企业和宇宙民族主义者明白，太空实际上是公共领域？威胁我们安全的太空垃圾真的会成为我们的救星吗？

---

① LaFleur and Jah, "What Does the Afrofuture Say?"
② Erwin, "Space Force Sees Need for Civilian Agency to Manage Congestion."

第六章

岩石的权利

哎，山川如此美丽，这个家伙却建了商场和披萨店。

——达·威廉姆斯①

---

① 达·威廉姆斯（Dar Williams, 1967— ），美国创作型女歌手，民谣音乐的代表人物，引文出自其单曲《你所爱的比爱更多？》（*What Do You Love More Than Love?*）。——译者注

血腥的资源

20世纪80年代中期，英国笼罩在撒切尔主义（Thatcherism）① 的统治之下，苏联在中间派领袖戈尔巴乔夫（Gorbachev）的带领下走向私有化，而美国工人则在苦苦等待里根经济政策（Reaganomics）承诺的涓滴效应②。1984年夏天，歌曲《生在美国》（Born in the U. S. A.）唱出了美国后福特主义、后越战时代的绝望和无助。1985年夏天，《世人皆欲统治世界》（Everybody Wants to Rule the World）③ 则反映出人们对市场经济停滞、超级大国僵持、气候不断恶化的忧虑和无奈。然而，在新泽西州的普林斯顿，物理学家兼预言家奥尼尔正在教导未来的统治者如何将帝国扩展到

---

① 撒切尔主义是指英国首相玛格丽特·撒切尔（Margaret Thatcher）代表的保守党政府所推行的一系列政策和理念，主张大力发展市场竞争和私营企业。它使英国逐渐走出经济困境，但也加剧了社会福利体系的削弱和社会的不平等。——译者注

② 涓滴效应源于美国幽默作家威尔·罗杰斯（Will Rogers）对里根经济学的讽刺："钱都给上层富人，希望它可以一滴一滴流到穷人手里。"——译者注

③ 《生在美国》是美国摇滚歌手布鲁斯·斯普林斯汀（Bruce Springsteen）的一首著名歌曲，深刻反思了越战后的美国社会。《世人皆欲统治世界》是英国摇滚乐队恐惧之泪（Tears for Fears）的一首歌曲，传达了人们想要掌控世界的欲望和对现状的忧虑。——译者注

太空。

虽然贝索斯主修的并非物理，而是电气工程和计算机科学，但是他经常参加奥尼尔在普林斯顿大学的研讨会，很快成了奥尼尔的忠实信徒。贝索斯在这里终于找到了一种既能拯救地球又能提高利润率的方法：将整个行业迁移到地球外。如果地球资源将要枯竭，那就去开采小行星。如果地球遭受工业污染，那就将有毒的工厂搬到太空。如果地球因人口过剩而痛苦不堪，那就到外太空寻找材料建120　造轨道购物中心，尽可能多地将人们送到那里生活。

贝索斯从奥尼尔那里认识到：外星居所既可以用小行星上的金属建造，也可以通过改造小行星本体来实现。1985年春天，贝索斯在普林斯顿大学攻读大四，当时他主持美国太空探索与发展学生协会（Students for the Exploration and Development of Space）的一次会议，主题是探讨第二种方法的可能性。根据记者达文波特的报道，那天下午大约有30人参加。在这次充满激情的微型演讲中，贝索斯向在场的学生阐述，要将小行星转变为人类的居所，最简单的办法是用太阳能反射镜熔化小行星的核心，然后将一根"巨大的钨管"插入处于熔融状态的内部。"水立刻变成蒸汽，小行星会像气球一样膨胀——没错！这就是你们的家园。"①

在场的人只有贝索斯对这个主意兴奋不已。达文波特

① Davenport, *The Space Barons*, 71.

写道，"在贝索斯滔滔不绝地演讲时"，

> 一个坐在后排的学生一跃而起，突然打断了他。"你竟敢强暴宇宙！"她吼道，接着便夺门而出。
>
> 所有人都看向贝索斯，但他丝毫不乱。"我有没有听错？"他说，"她真的在为贫瘠的岩石捍卫不可剥夺的权利吗？"

在达文波特的叙述中，贝索斯占据了最后的话语权。这戏剧性的一幕让读者和贝索斯甚至达文波特都觉得，后排的那位学生简直疯了。什么人会等不到问答环节就打断演讲者？殖民小行星和强暴有什么关系？什么样的疯子才会捍卫岩石的权利？岩石只是岩石而已。

不言而喻，岩石只是岩石而已。这似乎是条语法简洁、基本甚至普遍的真理。毕竟，与动物和植物不同，岩石没有生命，没有尊严，也没有价值——除非它们在市场上出售。显而易见，它们具有**这种**价值。的确，岩石（以及它们更受欢迎的表亲——矿物）是重要的商品。然而，如果不把岩石从地球上开采出来，并作为建筑材料、景观背景、化妆品成分、营养补充剂，以及精美的珠宝首饰加工、销售和购买，那么它们就只是简单的"原材料"。作为原材料，岩石可以被我们随意使用，变成利润丰厚的产品。简而言之，岩石是"**资源**"。

121

神圣的太空

在澳大利亚的北领地，有一片红土内陆平原，上面赫然坐落着一座被称作乌鲁鲁（Uluru）的砂岩巨石。对于历代守护者而言，乌鲁鲁神圣无比，亘古之初便是由那些创造土地的古老人类、动物和植物形成的。某些史料认为，它本身是这些生命共同组成的整体。19世纪末，一些白人探险家发现了乌鲁鲁，并以时任南澳政府秘书长艾尔斯（Ayers）的名字命名。自此，扬库尼贾贾拉（Yankunytjatjara）和皮詹加加拉（Pitjantjatjara）部落举行仪式的圣地成了旅游景点。

当西方游客纷纷涌向这块壮观的巨石时，当地的守护者要求他们尊重这个场所。游客只能在巨石脚下参观，保持发现时的原样，不得拍摄这一具有仪式意义的场所。然而，在过去的100年里，"勇敢"的探险家坚持爬上这座巨石，和它自拍，用绳索下降到封锁区域，还把石头作为纪念品带回家。2019年，公园的服务部最终拆除了为方便游客攀爬而安装的链条，但要让游客行为得体仍非易事。他们在古代壁画上喷涂自己的名字，比如"莎拉！"（Sarahi）、"杰丁！"（Jadyn），在禁地脱光衣服，从山顶上打高尔夫球，为了拍摄完美的照片而掉进几乎无法到达的裂缝里。

大学毕业后，我在千禧年之际参观过乌鲁鲁，附近的礼品店正在销售一款印有巨石图像的贴纸：巨石在日落时分绚丽夺目，橙色、金色和红色交相辉映。这些贴纸分成两叠，看起来完全相同，只是一叠写着"我登上了乌鲁鲁!"，另一叠写着"我没有登上乌鲁鲁!"。

我是宗教专业的学生，绝不会攀爬他人的圣山，更何况他们恳求我不要这么做。我记得当时盯着这些贴纸看了很长时间，它们的艺术设计非常醒目，信息却截然相反。显然，它们都在承担我们今天所说的"美德信号"的功能，都想让你知道购买者做了一些非凡之举。但是，该如何权衡勇敢、毅力和身体健康等美德（"我登上了乌鲁鲁!"）与谦卑、尊重和关心他人等美德（"我没有登上乌鲁鲁!"）？攀登者的贴纸是否在宣扬某种强硬的世俗主义（"我没有被迷信所吓倒!"）？未攀登者的贴纸是否在将自己的虔诚商品化（"我花了4.99澳元让你们知道我多么懂得尊重!"）？

五年后，当一车车的游客涌入我居住的教堂时，我又想起了那些贴纸。当然，我并不是真的住在纽约圣约翰大教堂（St. John the Divine），而是在附近幽静空地上的教区大楼里，那时我被任命为常驻学者。这座尚未完工的地标式建筑由花岗岩和石灰石建造而成，据说是世界上最大的新哥特式大教堂（其最高点可容纳自由女神像），每天前来参观的人络绎不绝。这些游客或多或少地都会尊重圣坛周围的天鹅绒绳索，避免开闪光灯拍照，低声交谈，仿佛这个庄严的空间要求他们这样做。任何时候都没有人攀爬墙壁，也绝不会有人把彩绘玻璃装到口袋里或者尝试打高尔夫球。

123 与乌鲁鲁相比，为什么圣约翰大教堂的神圣性更容易受到外界的尊重？一部分原因是熟悉度：参观教堂的大多数游客至少对基督教传统有一些了解，而参观乌鲁鲁的大多数人对原住民的传统一无所知。另一部分原因是赤裸裸的种族主义：这些使人联想到罗马帝国和大英帝国的建筑更能赢得富有的环球旅行者的尊重，而非帝国民族守护的建筑就不会如此。在这一切背后，弥漫着西方的一种无意识思想，可以将其称之为"反矿物主义"（antimineralism）：人们更倾向于珍视那些被人类双手（和市场力量）搬运、安装、雕刻、堆叠和塑造过的岩石，而不是那些留在原地、在地质作用（和时间）下形成的岩石。

像所有的无意识偏好那样，反矿物主义也是历史的产物，不易为人所觉察。我在第二章曾借助怀特的作品探讨过这一历史。怀特将不断恶化的气候灾难与现代技术的兴起联系在一起，并归因于基督教"对异教的胜利"。在原住民的世界观里，河流可能是人，森林可能是精灵，山脉可能是先祖，石头可能会跳舞和说话。然而，这些都被帝国基督教贬损为"异端"。我之所以说"可能"，是因为不同群体对自然形态的认知有所差异。对一些人来说，石头是神圣的，而另一些人则不以为然；一些人认为鱼类是近亲，而另一些人却将其视为食物来源；某种草药在一种文化里是禁忌，在另一种文化里也许从未被发现或不受限制；一些人认为地球是女神，另一些人则视其为祖先或兄弟姐妹。诸如此类，不胜枚举。然而，随着基督教对异教的胜利，这种多样性逐渐消失，因为它单方面宣布动物、植物，特别是矿物，只有在人类征服无生命的地球时作为原材料才有价值。

怀特认为，西方科技不仅依赖于西方经济，还依赖于西方**宗教**：如果岩石、河流、树木都有生命，非人类的动物也有人格，那就不可能为了获得最大的产出而剥削它们。如果你认为山脉是神圣的，那么即使其中蕴藏着丰富的矿物也不能开采。如果你与河流交谈或向其祈祷，那么不论它可以提供多少廉价的能源，也不能在上面筑坝或将其改道。神圣的森林允许你使用木材，但前提是你要虔诚地提出请求，只取所需，并促进它的再生。因此，要从地球获取想要的一切，唯一方法就是坚信地球没有自己的需求。地球不是神，不是祖先，甚至不是生命系统，它只是一个无生命的容器，装满了等待被开采、加工并转化成利润的无生命体。

在此我们可以看到，帝国基督教与技术、资本主义和殖民主义之间相互勾结。作为所谓的万物之灵，（欧洲）人相信自己不仅有权利，而且有责任去支配地球，将基督王国扩展到非洲、印度、澳大利亚和美洲，充分攫取这些大陆上的人类和非人类的"资源"。任何代表地球和人类提出异议的人都被视为异端分子、拜偶像者、迦南人或异教徒，注定要被皈依、被消灭，或二者兼而有之。

如今，为地球权利发声的人经常也包括基督教徒。他们加入立岩印第安人保留地（Standing Rock）的"护水者"

组织，① 抗议英格兰南部的水力压裂技术，② 反对加拿大和明尼苏达的 3 号线输油管道计划，③ 在当地组织"反抗灭绝"（Extinction Rebellion）运动，④ 将教堂绿地转化成草坪，在纽约州北部建立有机农场和动物保护区。这些地球守护者包括大部分"主流"教派的成员（如路德宗、圣公会、卫理公会等），众多年轻的福音派基督徒以及现任教皇。教皇谴责将地球上的生物视为"只是被人类任意支配的对象……获取利润和收益的来源"。⑤ 因此，大多数基督徒逐渐改变了观念。

与此同时，身为无神论者的亿万富翁仍坚持帝国基督教所宣扬的"人类统治"的立场，认为投资者的利益比湿地、珊瑚礁、饮用水和清洁的空气重要得多——更不用说山脉和小行星了，只有狂热的异教徒才会珍爱它们。

① 立岩印第安人保留地位于美国北达科他州和南达科他州边境。2017 年，特朗普政府批准达科他州石油管道计划（Dakota Access Pipeline），但因该项目穿过人工湖奥赫（Lake Oahe），污染立岩印第安人的饮用水来源，当地部落和环保组织自发组织成立"护水者"组织，要求管道改道。——译者注

② 英国为了实现净零排放承诺，2019 年禁止使用水力压裂法开采页岩气，但如今面对全球天然气价格上涨和乌克兰危机，英国解除了页岩气生产禁令，并确认支持新一轮石油和天然气许可。——译者注

③ 加拿大安桥能源公司（Enbridge Inc.）承接 3 号线石油管道项目的升级和扩建，并于 2021 年 6 月通过明尼苏达州的环境监管和法律审查，12 月开始明尼苏达州段的施工。——译者注

④ "反抗灭绝"运动是一场全球性的环保运动，于 2018 年 5 月在英国兴起，同年 10 月由罗杰·哈勒姆（Roger Hallam）、盖尔·布拉德布鲁克（Gail Bradbrook）、西蒙·布拉姆威尔（Simon Bramwell）等人发起签署行动宣言，旨在通过非暴力的公民不服从来迫使政府采取行动，以避免气候系统越过临界点、丧失生物多样性及社会和生态崩溃的风险。——译者注

⑤ Francis, "Laudato Si,'" ¶82.

"我有没有听错?"他说,"她真的在为贫瘠的岩石
捍卫不可剥夺的权利吗?"

我并不认识普林斯顿那位下午愤然离席的女士,但每
当又一家太空采矿公司在新闻中出现,并且承诺可以获取
无限资源时,我就会想起她。**"你竟敢强暴宇宙!"**

恐怕我没有她那么勇敢,也不会做得那么轰动,但我
若勇敢一些,也能感受到那股失控的怒火。那是担心这颗
行星遭到毁灭的怒火,那是震惊这颗行星无法满足毁灭者
的怒火,那是来自一个太空迷的怒火(毕竟她参加了会
议)。也许她无法忍受刺穿"地球母亲"的钨管、金属矿井
和石油钻探伸向纯净的太阳系,并且在月球和星空中看到
了另一种更和平的生存方式。那是来自一名女性的怒火:
20 世纪 80 年代中期,她只能在历来几乎完全由男性主导的
科学领域拼搏;在一所长期由白人主导,位于从伦尼莱纳
佩部落(Lenni-Lenape)抢来的土地上的大学求学;在一个
连《平等权利修正案》(Equal Rights Amendment)也无法通
过的国家生活。**如果这一切还不算糟**,那么让我们像斯科
特-赫伦一样唱道:"如今卑鄙之人想要小行星带,而白人
登上了月球。"

太空淘金热

冯·布劳恩无处不在,太空探索计划在他的脑海中初

具雏形。这位新来的德国移民刚刚在基督教中获得新生。在他看来，为了保持军事领导地位，推动经济增长，实现作为天选之国的神圣使命，美国必须开展太空探索。"我认为太空是无尽的边疆，"冯·布劳恩在《大众科学》（*Popular Science*）上撰文表示，"探索太空比发现新大陆或征服美国西部更令人兴奋。"① 他的计划——如今被称为"冯·布劳恩范式"，包括四个紧密联系的阶段：首先，建造可重复使用的航天飞机；其次，建造轨道空间站；再次，在月球上建立永久基地；最后，在火星上建立人类居住地。（如果这些阶段听起来很熟悉，那是因为在 20 世纪 50 年代早期，这位先驱曾在《科利尔》杂志上发表文章，此后"冯·布劳恩范式"就一直指导着美国的太空政策，尽管历史学家可能会对细节争论不休。②）

关键在于，正是冯·布劳恩认为，征服太空这一"无尽边疆"的目的是夺取无尽的"资源"。"阿波罗 17 号"是美国最后一次登月计划，就在它带着月球样本返回几年后，冯·布劳恩便许诺："下一个世纪，我们就能开采月球、小行星带以及邻近星球上的矿物资源了。"③ 他建议这些矿物资源就地使用，用于建造"永久的月球或火星生活基地，以及容纳成千上万人的轨道殖民地"。宇宙边疆就像地球边疆那样，也将为开拓者和朝圣者提供"新的住所，一个组

① Von Braun, "For Space Buffs."
② 参见 Day, "Paradigm Lost"。
③ Von Braun, "Space Buffs."

织全新星际社会的机会，一个重新开始的机会"。

任何熟悉西方帝国历史的人都很清楚，边疆的"新起点"总是以牺牲他人的利益为代价。"发现新大陆"和"征服美国西部"都离不开被迫劳作的奴隶。同样，冯·布劳恩在德国北部佩内明德（Pennemünde）的 V-2 火箭工厂的运转，也依靠他从集中营挑选出来的六万名劳动力，其中两万人死于"袭击、饥饿和疾病"。[1] 更何况，"新大陆"和美国西部的"新起点"建立在抢夺来的土地上，在这些自诩为神之子的人看来，土地历来的管理者是逆历史潮流而动的迦南人。

当听到奥尼尔的太空居所是从占领的小行星上凿出来的时候，环保主义诗人温德尔·贝里（Wendell Berry）气愤不已。在他看来，太空殖民及其带来的生活方式并没有什么特别的"新意"。"奥尼尔的项目之所以举世瞩目，不只是因为它新颖、刺激，更是因为它来自传统。"[2] 贝里敏锐地察觉到，在这种征服的愿景背后，蕴藏着欧美古老的"进步观念，即长久以来对无限扩张的渴望……对技术和经济标准的完全依赖……以及无法遏制的营销"。

无法遏制！好像我们别无选择，无法阻止征服、攫取、购买和出售的疯狂仪式。好像我们一旦停止向没有尽头的未知终点"前进"，就会发生可怕的事。

---

[1] Gorman, "Cultural Landscape of Interplanetary Space," 89.

[2] Berry in Brand, *Space Colonies*, 36.

在贝索斯和马斯克身上，这种"可怕的事"是指我们所谓的"美国式生活方式"的终结。不再有用之不竭的廉价能源，不再有便宜的服饰和小部件，也不再有无穷的消费和利润。为响应资本主义航空事业的召唤，一些想不到（也许不愿想）其他发展方式的公司不断涌现，比如，月球快递、星际空间探索、月球前哨站、深空工业（Deep Space Industries）和行星资源等。这些"远离地球"的投机者与欧洲航天局以及日本、中国、俄罗斯、卢森堡、阿联酋和美国的航天局合作，承诺将会迎来物理学家加来道雄所说的"又一次外太空淘金热"。[①]

目前，尚不清楚零重力黄金采矿如何工作。不过，NASA 的小行星探矿机器人（Robotic Asteroid Prospector）项目正在研究拦截或重新定向小行星的可能性，不仅阻止它们撞击地球，并且将其送入绕月轨道，以方便矿工接近。话虽如此，但目前仍不确定小行星是否足够坚固，可以支持大型机械着陆，也不确定它们是否会因承受重力过度而瓦解。因此，首先要弄清楚如何与它们互动。

2016 年，NASA 发射了一架价值 10 亿美元的探测器，名为奥西里斯王（OSIRIS-Rex）[②]。这一名字是埃及重生之神奥西里斯（Osiris）和拉丁语"国王"（Rex）一词的奇特

---

① Kaku, *The Future of Humanity*, 55.

② 全称为"源光谱释义资源安全风化层辨认探测器"，Origins Spectral Interpretation Resource Identification Security Regolith Explorer（OSIRIS-REx）。——译者注

组合。两年后，奥西里斯王进入碳质小行星贝努（Bennu）的轨道。贝努的大小与帝国大厦相当，比大多数小行星更靠近地球。和设计撞击这个小行星的探测器一样，"贝努"一词也来源于埃及神灵，即在原始水域上空盘旋、呼唤世界诞生的鸟神。据说它是古希腊不死鸟的前身，也是奥西里斯的象征，拥有再生的能力，能够在死亡的灰烬中重生。那么 NASA 想用这些名字传达什么信息？

　　很多很多。根据 NASA 的说法，他们曾联合举办"为小行星起名！"的比赛，一位来自北卡罗来纳州，名叫迈克尔·普齐奥（Michael Puzio）的 9 岁男孩脱颖而出，提出"贝努"的名字。① 对普齐奥来说，探测器的太阳能电池板和采样机械臂与象征奥西里斯的不死鸟——贝努相似。另外，NASA 官网表示，贝努在创世过程中的角色与此次任务的科学重心极为相似，因为"小行星可能蕴含着地球生命起源的线索"。这些"线索"可能潜藏在这些原始混合物中，在（至今）未受干扰的漂浮化石中保留：45 亿年前，碳、氧、氢和氮等元素以某种方式孕育了地球上的微生物。

　　小行星上还有其他物质。据官网介绍，除了神秘的有机物，上面"还有铂金和黄金"。这才是贝努和奥西里斯重生的关键所在。NASA 指出，"取代地球上有限的资源"显然无法永远维持我们的生存，但是"许多小行星上确实蕴

_____

① "Ten Things You Should Know about Bennu," NASA, October 16, 2020, https://www.nasa.gov/feature/goddard/2020/bennu-top-ten.

含着可以用于工业生产的元素"，能够让我们在外太空定居，延续人类文明。他们开玩笑说，要用从小行星开采的物质制作"外星珠宝"。但是 NASA 指出，贝努最重要的资源是水（重生的跨文化象征），它既可以用来维持执行长途飞行任务的宇航员的生命，还可以用来制造将人类送往更远太空的火箭燃料。

每当提及小行星时，NASA 的语气往往乐观、务实：显然，它们的黄金存量足以使麦迪逊大道（Madison Avenue）黯然失色，但我们真正关心的是地球的起源和我们在太空的未来。另一方面，新闻媒体、科普作家以及参议员、高风险投资者表示，我们即将迎来巨大的经济事件。正如加来道雄所说，"小行星……就像是在太空飞行的金矿"①。贝努可能是富含碳的"碎石堆"，但是邻星灵神星（Psyche）的成分似乎是固体金属，2011 - UW158 似乎含有价值 5 万亿美元的铂金。② 如果勘探员计算正确，那么普通小行星除了含大量的水之外，还应含有数十亿美元的工业金属（铜、镍和铅），贵金属（铂、银和黄金），以及最重要的稀土金属（镧、镝和钇等）。

大部分稀土金属发现于 19 世纪，即使用量很少，也能大幅提升各种技术性能，被称为现代工业的"香料"或

①　Kaku, *The Future of Humanity*, 58.

②　"Psyche," Jet Propulsion Laboratory, California Institute of Technology, https://www. jpl. nasa. gov/missions/psyche.

"维生素"。① 它们是生产激光器械、智能手机、医学成像设备、等离子屏、燃料电池、精炼石油、抗逆农作物、风力涡轮机和电动汽车必不可少的元素。因此，稀土经常是太空采矿支持者所宣扬的说辞。只要提到稀土，就意味着资源匮乏，促使人们去搜寻太空宝藏。

实际上，稀土金属并不稀有。它们虽然不可再生，但是如果我们决心采取行动，还是可以回收，甚至再次利用，而且它们在地壳的含量非常丰富。它们之所以被称为"稀土"，是因为发现的过程漫长而又令人困惑。其实这个名字具有很强的误导性。正如地理学家朱莉·米歇尔·克林格（Julie Michelle Klinger）所说："无论是稀土还是其他资源，我们远未耗尽地球上的矿产。"② 可是为什么大家一直说我们的资源快要枯竭？

其实，这是近期发生的事。自从稀土被发现以来，它们在全球各地被开采，比如印度、巴西、南非、加利福尼亚、马来西亚和澳大利亚等。这些元素通常存在于含有重金属（如砷、铀和氟）的矿床中，因此提取过程非常困难和危险。然而，由于环境法规宽松，矿业公司得以规避可能保护水和土壤免受污染的各种控制措施。毕竟，谁愿意和这样一个利润丰厚的产业过不去？但这也诱发了"癌症、先天缺陷以及人类肌肉骨骼系统退化"等问题。③ 20 世纪 *130*

---

① Klinger, *Rare Earth Frontiers*, 46.

② Klinger, 7.

③ Klinger, 3.

90 年代，全球重大环境灾难频发，导致稀土制造业几乎完全转移到了中国，使中国的稀土产量大幅提升。到 2010 年，中国供应了世界 97% 的稀土材料。

美国政客和新闻媒体大力抨击，称美国"对中国的稀土依赖"已对"国家安全构成威胁"，并敦促业界采取行动，摆脱中国对稀土经济的"钳制"。①

太空采矿公司的 CEO 终于为自己极不寻常的商业模式找到了正当理由。尽管他们也承认，开采小行星难度很大，但为了摆脱对中国的依赖和环保协议的束缚，为了价值数万亿美元的资源，值得放手一搏。然而，矿石太重了，完全无法将其运回地球（我们甚至无法带回奥尔德林的尿布）。因此，这些公司提议在原地建造精炼厂，提取有价值的物质，而不必将整块岩石运回地球。工程师的建议很像贝索斯年轻时在普林斯顿那次会议上提出的想法：将热流体注入古老的巨石，熔化其中的金属，再从萃取剂中提取所需的溶质，扔掉剩余的残渣。（你可能会问："他们会把废弃物扔到哪里？"谁知道呢！**太空有足够的空间**。）

当然，要实现这一切，需要完善的基础设施。没有设备，就无法加工金属；而没有金属，也无法建造设备。因此，在那里的资源实现利用之前，我们需要从地球运来材料建造太空工厂。要将原料"运"到月球或小行星，私营

131

———————

① Klinger, 4 – 5.

机构必须通过竞标来降低价格；而要让私营机构**为此**竞争，又必须确保它们的投资得到回报。然而，如果国际法不认可私人对太空物体的占有权，投资就无法确保得到回报。

这就像一个诡异的四维拼图：美国、阿联酋和卢森堡等国家我行我素，各自制定法律保护、资助私营企业的投资者，从而降低价格；航天机构因此可以雇佣这些企业开采资源和建造殖民地，进而会有更多的探测器在无尽的边疆探索太空资源；而这一切都由专门的军事部门加以支持。

地球化之梦

太空探险到底是**为了**什么？正如我们之前所见，这个问题是个循环论证。NASA 给出的解释是，我们正在收集资源前往太空，因为太空将为我们提供在太空生存所需的资源。在你意识到这是个循环论证之前，他们会告诉你，如今所有的采矿和登月活动都是为了将来前往火星。

火星！并非银河系中最宜居的星球（似乎地球才是）。首先，火星非常寒冷：平均气温约为零下 80 华氏度（零下 62 摄氏度），比南极洲还要冷。夏天，一些地方的气温可以达到 70 华氏度（21 摄氏度）；但是冬天，极地的气温可能降至零下 220 华氏度（零下 140 摄氏度），远低于地球的最低气温纪录。其实，气温还只是冰山一角。

火星大气 95% 是二氧化碳，人类根本无法呼吸。那里气压太低，任何已知的地球生命形态都无法承受。土壤非常细腻，对植物和动物有毒，并且容易形成"尘魔"（dust devils）旋风，在地表以每小时 30—60 英里（约 48—97 千米）的速度旋转，持续几天甚至几周，留下一层大气尘霾。最关键的是，火星没有磁场，会不断受到足以致癌的太阳和星际辐射的袭击。

要想知道火星上到底有多糟糕，可以听听科普作家罗斯·安德森（Ross Andersen）的说法："如果你不穿宇航服就踏上火星，眼睛和皮肤将会像燃烧的纸张一样脱落，血液会变成蒸汽，30 秒内就会死去。"2021 年 5 月，马斯克曾担任过《周六夜现场》（*Saturday Night Live*）的主持人。观众可能还记得，节目中出现过一个非常恶心的场景：皮特·戴维森（Pete Davidson）扮演的查德（Chad）想摘掉头盔，结果整张脸炸裂了。① 安德森接着说："即使你穿着宇航服，仍然会受到宇宙辐射和尘暴的袭击。尘暴有时会笼罩整个火星，尘埃极其微小，会灼伤皮肤，穿透最严密的接缝。"② 正如 SpaceX 总裁格温·肖特韦尔（Gwynne Shotwell）所言，火星是个"需要修修补补的星球"。③

可是如何去修复一个星球？当提及备受人类荼毒的地

①　该节目为短剧《火星上的查德》（Chad on Mars）。——译者注
②　Andersen, "Exodus."
③　Tutton, "Socitechnical Imaginaries and Techno-Optimism," 11.

132

球时，这难道不是每个人应该思考的问题？如何消解大气中的二氧化碳，涤除雨水中的酸性物质，清理海洋中的塑料，消灭树上的害虫，治理气候变暖？事实证明，目前正在摧毁地球生命的进程可能会在火星上生根。至少，火星探险者是这样说的。我在序言里提到，根据祖布林的观点，让火星适宜居住的关键是"故意制造一种温室效应"，就像我们在地球上无意制造的那样。于是，问题就变成了"在火星上制造氟碳超级温室气体……然后故意将这些影响气候的物质排放到大气中"①。

这会出什么问题？

祖布林的计划是对行星进行"地球化"改造：将行星重建成地球的样子。最初，火星上的人类需要居住在地下掩体中，在充气式的温室中种植作物，在 37% 地球重力的条件下学会制造物品，并且派遣探测器寻找水和金属矿藏。*133* 如果拓荒者在火星上收集到足够的材料，并且学会制作砖块、塑料、玻璃、金属和陶瓷，就可以在那里建造加压建筑，搬进"像购物中心一样大"的领地。② 与此同时，他们将设法把火星的温度提高到舒适的 32 华氏度（0 摄氏度），这可能是我们从这颗距离太阳第四远的行星所能得到的最好结果。③

关于加热火星的方案千差万别。一些人支持祖布林的

---

① Zubrin, "Why We Humans Should Colonize Mars!," 308.

② Zubrin, 306.

③ McKay, "Planetary Ecosynthesis on Mars," 245.

想法，认为在火星上释放大量的氯氟化碳可能会奏效；另一些人则主张利用冻结的冰帽，因为其中含有水和二氧化碳。还有各种各样的方法，比如，使用轨道镜融化冰帽，在火星表面涂抹黑炭或覆盖地衣植被，使用太阳能太空激光炮轰炸……或者，按照马斯克的方法，用 1 万枚导弹"核爆"火星。无论采用哪种方式，行星科学家克里斯托弗·麦凯（Christopher McKay）估计，要让火星的气温变得和阿拉斯加的春天那样温暖，大约需要 100 年的时间。①

这还只是温度问题，空气又要另当别论。在火星上创造可呼吸的大气不仅需要热量，很可能还需要氢、碳、氧、氮、磷和硫的混合物，以及"甲烷、氨、甲醛、硫化物、腈类和单糖"，它们是孕育地球生命的关键物质。② 进化生物学家林恩·玛古利斯（Lynn Margulis）和地球科学家詹姆斯·洛夫洛克（James Lovelock）联合表明，这些关键物质受原生生物形式自身的调节。③ 这意味着，如果我们想让火星充满生机，需要让整个星球遍布微生物，它们之间复杂的相互作用将为生命生存、繁衍和演化创造条件。不

① McKay, 264.

② Margulis and West, "Gaia and the Colonization of Mars."

③ 关于盖亚（Gaia）假说，参见 Lovelock, *Gaia*。盖亚假说由英国大气学家洛夫洛克在 20 世纪 60 年代末提出，以古希腊大地女神盖亚命名，后经他和美国生物学家玛古利斯共同推进，逐渐受到科学界的重视，也成为西方环保运动和绿党行动的重要理论基础。它将地球看作一个自我调节的生命体系，各种生物和自然界之间相互作用，产生并调节有益于生命生存的环境。——译者注

过，这些微生物创造者可能需要 1 万到 10 万年的时间才能重塑火星，那时大型动物无需穿宇航服就可以在上面行走、游泳或玩滑板。① 因此，离开购物中心的日子遥遥无期。

那么问题来了，我们应该这样做吗？（假设我们有能力？）

根据祖布林的观点，我们不仅应该，而且**必须**这样做。他深受美国悠久征服史的影响，认为"开拓新边疆是美国和人类最大的社会需求。没有比这更重要的"②。他的这一观点来自 20 世纪初的历史学家弗雷德里克·杰克逊·特纳（Frederick Jackson Turner）。特纳主张，美国身份认同的形成从根本上说取决于不断开拓的边疆。随着美国从东海岸向广阔的中西部扩展，上至五大湖，下至密西西比三角洲，一直延伸到太平洋（他自豪地说："每一寸土地都是通过与印第安人的一系列战争赢得的。"），美国逐渐与其欧洲祖先划分界限，形成自己的特质。③ 对特纳来说，美国作为一个新国家，战胜欧洲和原住民的每一次胜利都是在推动自己的"永恒重生"，增强力量、独立、活力和自由的国家特质。19 世纪末，美国的征服历程就已完成，因此 1893 年摆

134

---

① 克里斯·麦凯指出，尽管如此，火星上的生命也不会永恒存在，在我们的太阳毁灭之前就会消亡。火星似乎只有一个地壳构造板块，无法进行有效的物质循环。因此，即使火星上奇迹般地存在微生物群落，也只能维持 1 千万到 1 亿年（相较之下，地球上的生命已经存在了 45 亿年）。

② Zubrin and Wagner, *The Case for Mars*, 325.

③ Turner, "Significance of the Frontier."

在特纳面前的问题是，如今美国的"边疆已经消失"，该如何继续维持自身的特质？

对祖布林来说，答案很简单：不可能！他坚持认为，美国无疑正在走下坡路，因为各种迹象无处不在：经济衰退、技术停滞、过度监管和官僚主义横行、电视真人秀泛滥、国家整体活力减弱。为此，他呼吁我们回归本源，而我们的本源就在广阔的边疆。他在纪念特纳的文章中写道："几个世纪以来，美国为世界带来了先进的人文主义文化，然而如果没有边疆为之注入活力，孕育这种文化的精神就会消失。"①

我们可能会发现，祖布林将美国繁荣等同于人类繁荣，这与约翰逊、肯尼迪、特朗普和彭斯的观点如出一辙。美国是世界和平、正派、人权和自由的典范，但只有边疆能让美国一开始就具备这些特质。或许，这就是祖布林的逻辑。他坚持认为："如果没有一个可供发展的边疆，美国社会乃至整个以西方启蒙价值观（人文主义、理性、科学和进步）为基础的全球文明将会消亡。"在他看来，一切有价值的"人类"的命运都取决于美国的命运，美国的命运则取决于新边疆的开拓，而"人类的新边疆只能是火星"。

"火星？"香农·斯蒂罗内（Shannon Stirone）在《大西

---

① Zubrin and Wagner, *The Case for Mars*, 325.

洋月刊》上撰文质疑道，"火星就是地狱。"① 这篇文章我可能读过不下 15 次。马斯克渴望在红色星球上永生，在很大程度上受其导师祖布林的启发。对此，斯蒂罗内列举了火星的一系列不利因素：气压不足，气温极低，似乎毫无生命迹象，而且大气会让血液沸腾。她认为，火星不会拯救我们，"而是将我们置于死地"。

然而，对于祖布林来说，这些来自大气的挑战，正是唤醒日渐衰弱的美国精神所必需的元素。地球上的任何一个地方都太过舒适、太过颓废了，而且严密的监管无处不在，无法成为真正意义上的新边疆。（他甚至认为南极洲也同样如此，"警察就在身边"。）金星实在太热了，而月球则缺乏支撑我们生存所需要的关键元素，只有火星"以永久冻土的形式储存了海量的水资源，以及丰富的碳、氮、氢和氧元素，可以供聪明的人轻易地利用"②。时间迫在眉睫，我们必须在问题变得难以收拾之前尽早行动。他宣称，"火星正在等待来自旧边疆的子孙"，但是美国人正变得愈发昏庸，拓荒精神也在一点点丧失。他警告说："火星不会永远等下去。"③

因此，我们必须立刻行动。祖布林写道："倘若不对火星进行地球化改造，我们就无法实现人类的本质。"一旦我们获得了成功，我们不仅能够实现本质，还将会有所超越。

① Stirone, "Mars Is a Hellhole."
② Zubrin, "Why We Humans Should Colonize Mars!," 305.
③ Zubrin and Wagner, *The Case for Mars*, 334.

（以美国为首的）人类在死寂的星球上创造生命，从虚无中创造世界，这是不断接近神性的过程。在《赶往火星》（*The Case for Mars*）的结尾，祖布林突然以浓重的宗教口吻说道，"我们永远无法蜕变为神"，但是我们可以成为"超越动物的存在"。① 对火星地球化改造的行为表明，人类是"携带着独特火花"的生物，具备**足够的**神性，能为"海里的鱼、空中的鸟和地上各样行动的活物"提供新的星际家园。

136

行动！ 在这部鼓吹"对火星地球化改造"的书的结尾，祖布林引用了《圣经》中的一段经文，并且特意选择英王詹姆斯版本，仿佛这种神秘的语言可以提醒"人类"，神赐予了他们权利，管理"海里的鱼"和其他所有生物。似乎这种做法可以重新点燃《创世记》第一章中的"独特火花"，它宣称神照着自己的形象创造人类，而如今又许诺我们，要照着人的形象去塑造世界。为了避免我们不得要领，祖布林在后来的一篇文章中更加明确地引用了《圣经》。他写道，对火星地球化改造是"关于**人类精神神圣性**最好的证明，即支配自然界，其最高的形式就是让死寂的星球充满生命"②。神的新一代选民将成为宇宙的巫师。

支持地球化改造方案的年轻人无不受祖布林的影响，更注重创造而非救赎的力量。对于马斯克等新一代支持者

---

① Zubrin and Wagner, *The Case for Mars*, 270 – 271.

② Zubrin, "Why We Humans Should Colonize Mars!," 309. 着重强调。

来说，迫在眉睫的威胁不只是西方文明的衰落，更是人类物种灭绝的危险。他们认为，一旦某些灾难性的事件摧毁了地球上的生命，一切有价值的东西也都会灰飞烟灭。因此，重点在于尽可能多地开辟宇宙殖民地，从而提高某个地域的生存概率。这就是马斯克所宣扬的"保留意识之光的使命，并且确保它能在未来延续下去"①。

相比马斯克，另一些地球化改造方案的支持者更为激进。他们声称寻求新的扎根之地，不只是为了拯救人类，而是为了拯救**整个生命体系**。毕竟，太阳会在 55 亿年后爆炸，那时一切需要进食、呼吸和排泄的生命都将灭绝，濒死的太阳必然会一并摧毁火星和地球。不过，火星可以作为我们进入另一个太阳系的跳板。地质学家马丁·福格（Martyn Fogg）断言："只有撤离我们的星球，前往宇宙中更宜居的地方，才会避免……地球上生命灭绝的命运。"②

更宜居的地方？ 说真的，可能性有多大？我们对其他 137 恒星系中的行星所知甚少，而且到目前为止，我们所获得的数据并不乐观。一些系外行星的表面温度高达 1700 华氏度（约 927 摄氏度），还有一些由于遭受极其活跃的太阳辐射而逐渐失去大气层。许多行星围绕着红矮星旋转，但这些寒冷的小恒星会定期释放超强的太阳耀斑，摧毁任何

---

① Musk, cited in Andersen, "Exodus."
② Fogg, "Ethical Dimensions of Space Settlement."

试图生存的生命。因此，早在 20 世纪 90 年代，萨根就对生态灭绝的危险有所警示，这颗孕育我们生命的"暗淡蓝点"上有氧气、氮气、海洋和充足的阳光，又有森林、瀑布、啾鸣的鸟儿和纤美的蜜蜂，似乎依旧是最宜居的星球。①

或许我们应该致力于改造地球，而不是火星。用卢西阿尼·沃克维茨的话说："如果我们真的相信自己有能力改变火星恶劣的环境，让它变得适合人类居住，那么我们必定也能维持地球的宜居性，毕竟这个任务更容易实现。"②为什么不将所有的金钱、精力和伟大的拓荒精神用来恢复我们的生态系统？

面对这种反驳，那些宣称热爱家园的"火星地球化改造"的支持者（马斯克不在其中）承诺，入侵火星也会为地球带来益处。他们提出诸如"比较行星学"等高深莫测的概念，声称搞清楚如何赋予另一个星球生命，会对拯救我们星球上的生命有所裨益。③ 对此，我困惑不已。我们完全知道如何拯救地球上的生命：减少碳排放，停止使用塑料，植树造林，清理海洋，恢复雨林，禁止工业化养殖，

---

① 1990 年 2 月 14 日，当"旅行者 1 号"飞船在距离地球 64 亿千米处时，美国天文学家卡尔·萨根说服 NASA，拍摄了一组太阳系的照片。在一张照片中，地球只有 0.12 像素，像一个淡蓝色的圆点。萨根据此写成《暗淡蓝点》一书，又名《预约新宇宙》。——译者注

② Walkowicz, "Let's Not Use Mars as a Backup Planet."

③ McKay, "Planetary Ecosynthesis on Mars"; Schwartz, "On the Moral Permissibility of Terraforming."

尽可能减少肉类消耗，把补贴重点从石油和汽车转向公共交通。如果明白这一点，就完全不必以吸入火星灰尘和死于辐射中毒为代价。然而，这些支持者似乎不愿承认一个众所周知的事实：资源的剥削和消耗、无节制的污染正在摧毁地球上的生命，当我们把这一切都照搬到火星上后，它们绝不会摇身变为"拯救者"。

对于火星地球化改造这种技术性手段，一些生态意识很强的太空迷依然存在疑虑，于是提出了生态培育（eco-poiesis）的替代方案。"生态培育"一词字面意思是指"建设家园"，即向火星发射大量的微生物和化学物质，经过漫长的时间后，在火星上进化出更为复杂的生命（也许可能不会）。玛古利斯表示，生态培育与火星地球化改造支持者心中的购物中心、天堂乐园或宇宙游乐场迥异，它将会"把［火星］变成一个污水池，光怪陆离，或许还弥漫着恶臭的蒸汽"，闻起来就像"下水道的臭味"。① 这样的原始行星无论如何都**不适合**人类生活，至少在未来的几万年内不适合，但是它可能适合其他生命。因此，我们也许应该放弃探测器、钻探机和精炼厂，向火星输送最原始的"凝胶"，看看究竟会发生什么。②

在萨根看来，一切都取决于火星上最初有什么物质。大部分主张地球化改造和生态培育的观点都会假设，虽然

_138_

① Margulis and West, "Gaia and the Colonization of Mars," 279.
② Kaçar, "Do We Send the Goo?"

火星上过去可能存在过生命，但是现在没有了。不过，微生物也有可能隐藏在地下或岩石内。有鉴于此，萨根写道："如果火星上存在生命，我们就不应该干涉火星。火星属于火星人，即使它们只是微生物。"① 然而，天体生物学家大卫·格林斯普恩（David Grinspoon）认为，我们对"生命"的理解仅仅基于地球生物，即便我们看到了火星上的生命，也可能认不出来。② 那么我们何时才能确定火星上的生命完全"消亡"，从而对它进行生态培育或地球化改造？我们怎么确保自己不会干扰火星上原有的生物进程？

对于祖布林和马斯克来说，这一切都不重要。无论这颗红色星球上的岩石是否存在冰封的微生物，都无法与蓝绿色星球上美丽多样的动植物以及博大精深的人类艺术相媲美。因此，无论火星上的生命是否消亡，我们都有责任扩散地球上的生命形式。

于是，新的一批伦理学家联合起来抗议，告诫我们别去管这些岩石。

宇宙破坏

当"阿波罗 11 号"带回月球岩石后，冯·布劳恩立刻就意识到，外星矿物将会开启我们在太空的未来。尽管太

---

① Sagan, 138.

② Grinspoon, *Lonely Planets*, 97 – 114.

空采矿业在 2010 年之后才开始兴起，但外太空所蕴藏的经济潜力早已显露无遗。

萨莉·赖德（Sally Ride）在接受《女士》（*Ms.*）杂志采访时，向格洛丽娅·斯泰纳姆（Gloria Steinem）表示，如果缺乏私营企业的参与，NASA 将永远无法获得所需的资金。就在六个月前，她搭乘"挑战者"（Challenger）号完成了首次飞行。① 赖德认为，私营企业的介入只是个时间问题。赖德应两家大型制药公司的请求，和同事做了一系列实验，证实某些药物只能在失重的环境下才能制造出来。她告诉斯泰纳姆："一旦人们认识到可以利用［太空］赚大钱，私营企业很可能就会接管并进一步推进［太空计划］。"②

斯泰纳姆是个民主社会主义者，向来能言善辩，但令人费解的是，她对此没有给予任何回应。或许，当她见到美国首位女航天员时，心灵受到了极大的震撼？或许，这个想法过于离奇，完全不值得争论。美国国家航空机构怎么可能向大型制药公司和一些自负的、追求月球岩石的初创公司低头？然而，现实的情况是，NASA 正通过从企业购买月球土壤的方式，推动太空经济的蓬勃发展，从而实现

---

① 萨莉·赖德（1951—2012），"挑战者"号第二次飞行的宇航员，也是美国首位进入太空的女航天员。格洛丽娅·斯泰纳姆（1934— ），美国女性解放运动的重要领袖，曾担任《新闻周刊》特约记者，是《女士》杂志的创始人。——译者注

② Steinem and Ride, "Sally Ride on the Future in Space."

殖民月球、开采小行星，乃至在军事保障下进军火星的目的。

一些反对者认为，不断高涨的太空淘金热存在的问题在于，它预设我们可以任意索取整个宇宙。太空理论家娜塔莉·特雷维诺（Natalie Treviño）指出，尽管《外层空间条约》始终宣扬"共同财产"和"和平目的"，实际上仍 *140* "将天体与资源开发捆绑在一起"。[1] 该条约的终极目标是，通过宣称外太空中的一切是"全人类的事情"，希望各国在不发生冲突的情况下和平"利用"外太空，并从开发中平等受益。反对太空开采的人认为，我们的做法完全是本末倒置。正如哲学家霍尔姆斯·罗尔斯顿三世（Holmes Rolston III）[2] 所言，我们不断追问如何将外太空转化为"资源"。换句话说，我们只关心这个"天体世界如何**属于我们**"，其实我们真正应该思考的是"**如何融入其中**"，以及"它是否**拥有自主权**"。[3]

我们如何融入其中？在浩瀚无垠的宇宙中，我们如尘埃一般渺小，应当如何谨小慎微地生活？也许我们需要考虑的是，它想要我们做些什么，而不是我们能从它那里索

---

[1] Treviño, "The Cosmos is Not Finished."

[2] 霍尔姆斯·罗尔斯顿三世（1932—），美国哲学家，环境伦理学的奠基人之一。他的研究领域包括生态伦理、宗教生态学以及自然美学等，提倡尊重自然界的固有价值，并强调人类在地球生态系统中的责任和义务。——译者注

[3] Rolston, "Preservation of Natural Value in the Solar System," 147. 加粗为原文强调部分。

取些什么。

它是否拥有自主权？ 小行星是否更希望我们不要为了利润而掏空它们？火星和月球可能并不希望自己被人类占领？岩石本身是否也应该享有权利？

我知道，这听起来可能有点过分。毕竟地球上的人类仍然在为某些群体争取基本权利，比如，移民、黑人、原住民、儿童、女性、同性恋、跨性别者以及劳动者。地球上成千上万的生物没有身体自主权，甚至不能拥有和平度过一生的权利；而我竟然在这里让你们思考岩石的权利。首先，我想澄清一点，构建公正、和平探索外太空的方式，并**不需要**在伦理上承认岩石拥有权利。但是我确信，对这个问题的探讨必然会给我们带来很多启示。那么一块岩石"拥有自主权"究竟意味着什么？

西方的法律、伦理、技术、经济、宗教和语言倾向于将世界分为主体与客体。主体是**具有行动力**的生物：他们可以移动、创造、破坏、表达欲望，并且有意愿去实现它们。客体则是**被行动所影响**的事物：它们被移动、被创造、被破坏、被表达欲望，并且被利用。当一些社会运动试图为历来被剥削的群体争取权利时，通常采取的策略是增强被物化的个体的主体性。

举例而言，18 世纪的废奴主义者们坚称，奴隶是人而非财产；早期的女权运动极力抗议"物化女性"的现象；如今善待动物组织（PETA）让动物在广告中发声："我是生命，而非食物。"从定义上说，客体是被利用的，因此这

141

些案例都致力于扩大"主体"的范畴。"火腿"是一种可以加工、出售、购买和消费的产品；然而"猪"却是一种爱干净、高兴时摇尾巴、哺育小猪时咕哝轻唱的生物，不应该被囚禁在肮脏的环境中，更不应该被送到屠宰场。在所有的这些案例中，追求正义的方式都是将客体转变为主体。

不过，对于罗尔斯顿而言，这种关于世界的二分法并非尽善尽美，尤其是它似乎赋予了主体某种权力，可以任意剥削被视为客体的事物。因此，罗尔斯顿主张，当我们探讨多物种世界时，不能简单地把自然划分为主观和客观两类，而应将其视为一种"**投射的**"存在，即它能产生各种各样的**投射物，**包括动物、植物和微生物，以及湖泊、河流、卫星、恒星、行星、彗星和小行星等等。这些被投射的自然实体有其自身独立的价值，这种价值并非基于人类对它们的索求。

这是否意味着我们不能吃胡萝卜、清除杂草或燃烧木炭？因为它们都是自然的投射物。当然不是这样。但是它提醒我们需要好好反思，我们究竟可以向宇宙索取些什么。为此，罗尔斯顿给出了六条可以用于实践的"尊重"原则，似乎想要表明，我们应当避免摧毁、损害、污染、耗尽或滥用那些有待商榷的投射物。

1. 尊重被我们命名过的自然之地。正如罗尔斯顿所说，如果我们为某一山脉、火山口、山丘或山谷命名，就是承认了它具有某种值得保护的"地貌品格"。[1] 不过，这并不意味着我们不能改变命名过的物体。它只是表明，在我们决定是否采取行动时，维持既有的形态至少应该是我们"权衡利弊"的一部分。 *142* 如果某个公共或私人机构考虑，是否应该开采火星上的某座山（我们已经命名了那里所有的山），不仅需要斟酌潜在的财务风险、财务收益和工人福利，还应关注山体本身的权益。

2. 尊重"极端的自然投射物"。例如火星上的水手号峡谷（Valles Marineris），其深度是美国大峡谷的四倍，长度与美国的宽度相当。[2] 我们不应将其变成我们的停车场、垃圾填埋场或银河系最大的游泳池。

3. 尊重"具有历史价值之地"。罗尔斯顿所指的历史，既包括人类史，也包括地质史。比如木星第二大卫星木卫四（Callisto），由于气温极低，成了一个很好的"冰博物馆"，蕴含着太阳系起源的线索。同样，"尊重"木卫四并不意味着要不惜一切代价远离它，但这至少会提醒我们，不应该把所有的冰都融化成火箭燃料，然后继续去寻找下一个宇宙金矿。

4. 尊重"具有主动或潜在创造力之地"。如果某个天体存在某种生物和非生物"投射物"，那么我们就应

---

[1] Rolston, 173.

[2] Rolston, 167.

该让它们自由发展，不去干扰其进程。

5. 尊重"具有审美价值之地"。任何自然景观，无论是让我们屏息、哭泣、惊叹、歌唱、跳舞之地，还是让我们驻足拍照至电池用尽之地，都应受到保护。

6. 尊重"具有转化价值之地"。罗尔斯顿指的是那些改变我们看待世界或认识自己方式的地方。

罗尔斯顿的批评者和支持者都指出，对火星实施地球化改造的设想违反了以上六项原则。[1] 我们已经命名了火星上所有的大型地貌和山谷；按照地球上的衡量标准，火星上的许多地貌都很"极端"；即使最小的岩石也蕴含着火星过去的线索（可能存在一个繁荣的生物圈）；这些岩石中可能含有微生物；从任何角度看，火星上的风景都会让人叹为观止；所有见过的人几乎都会在生理、智力、精神乃至生存层面有所转变。

因此，哲学家罗伯特·斯派罗（Robert Sparrow）指出，对火星实施地球化改造将会使人类成为"宇宙破坏者"。[2] 我们无视火星自身的美丽和品格，将整个星球变成消费的资源。实际上，我们在重塑火星的同时也在摧毁它。从这个意义上说，地球化改造是一种极端"狂妄"的恶行，是

143

---

[1] 例如，可以参见 Schwartz, "On the Moral Permissibility of Terraforming," 14。

[2] Sparrow, "The Ethics of Terraforming," 227.

人类妄图效仿神明的罪过。斯派罗告诫我们，狂妄之人"总是会受到灾难的惩罚"。大洪水、硫磺火和英年早逝往往会降临到那些与神抗衡的人身上。

鉴于我们管理地球的糟糕过往，斯派罗认为，对火星实施地球化改造的任何尝试几乎都会以失败告终，这可能会制造出一个"大气有毒、水源匮乏、台风频发"的星球。根据热力学第二定律，制造混乱远比创造秩序容易得多。因此，在尝试改变整个生物圈时，需要精确地控制化学物质、自然力量和化合物的平衡，"若不能完全成功，这将会是一场浩劫"。①

生物圈2号（Biosphere 2）是一个极具启示性的例子。这个庞大的综合体建于1984年至1991年之间，位于美国亚利桑那州的索诺兰沙漠（Sonoran Desert），占地17英亩（约68797平方米），其中3.15英亩（约12748平方米）为室内空间。截至1991年9月底，生物圈2号储备了足够养活八个人的土壤、空气、淡水、植物、动物等物资。他们计划在密封的玻璃和钢结构内生活整整两年，以种植为生，自己制造氧气，除了稳定的电源外，不依赖任何外部支持。

然而，实验并不成功。实验刚刚开始几周，八名"生物圈居民"中的一名就因就医问题而离开（虽然几天后她重返队伍，但还是引发了外界对项目失败的批评）；而且，

144

――――――

① Sparrow, 237.

在封闭的系统中生产维持八个人生存的食物、水和空气，变得愈发困难。一篇事后报道指出："在生物圈2号实施物质封闭循环 1.4 年后，氧气浓度……从 21% 下降至约 14%。"外界人员不得不再次打破封闭状态，为其补充氧气，但是二氧化碳水平仍不受控制地上升。与此同时，树木全都遭到了寄生藤蔓的侵袭，"授粉媒介全部灭绝"。此外，"引进的大部分昆虫……最后只剩下四处疯狂乱窜的蚂蚁，以及比比皆是的蟑螂和蝈蝈"①。尽管拥有可以呼吸的大气、完整的生物体系和无限的外部能源供应，但是这个地球化改造的实验还是失败了。那么在以上所有条件都不具备，而且可能需要六到八个月时间才能获得补给的星球上，我们能想象会发生什么吗？

在这个问题上，我陷入了哲学家所说的"功能论证"（functionalist argument）：我们不应对火星实施地球化改造，因为生物圈2号早已表明，这条路可能行不通。然而，当前的问题不再是能否对火星实施地球化改造，而是**即使能**将火星打造成完美的地球复制品，就一定要这样做吗？这样做是否会让我们成为"宇宙破坏者"？将火星置于人类的管理下更好，还是维持它的原状更为重要？

要回答这个问题，我的答案只有一个，那就是把它推向极端，直击其要害。

---

① Cohen and Tilman, "Biosphere 2 and Biodiversity," 1150.

众人皆赴月球

从太空旅游到小行星采矿，再到生态培育和地球化改造，太空探险的先决条件是移民月球。NASA 计划 2028 年前在月球建立永久前哨站。中国已在月球背面成功登陆月球车，进行了微型生态圈实验（搭载棉花、油菜籽、马铃薯、拟南芥、酵母、果蝇、蚕蛹），并且计划 2030 年前修建自己的月球基地。俄罗斯则计划在 2030 年前全面建立月球殖民地。日本计划建立名为"月之谷"（Moon Valley）的定居地。印度也在改进月球着陆器。欧洲和中国的航空机构将于 21 世纪 20 年代联合创建"月球村"（Moon Village）。［美国无法参与这一项目，因为 2011 年的"沃尔夫条款"（Wolf Amendment）禁止 NASA 使用任何经费与中国合作。］① 各国航空机构都在寻求"智能太空"（iSpace）等私营企业的支持，它们向公共和私人参与者承诺，"在月球上能够获得新的商机"。再如月球快递，其 CEO 在美国众议院承诺，要将月球打造成"太空加油站"。②

① Zach Rosenberg, "This Congressman Kept the U. S. and China from Exploring Space Together."
② 参见"月球快递公司创始人兼首席执行官罗伯特·理查兹（Robert Richards）在美国众议院以及科学、空间与技术委员会航空航天小组委员会召开的关于私营部门月球探索的听证会上的发言"，2017 年 9 月 7 日，https://science. house. gov/imo/media/doc/Richards%20Testimony. pdf。

图6.1 威廉·布莱克（William Blake）的版画《我想要！我想要！》
（*I want! I want!*），第四印本，与其他 17 幅版画于 1793 年收录成册。
画作采用黑色碳墨，在纸上蚀刻和雕刻而成。尺寸：**72 毫米 ×51 毫米**。
现藏于剑桥菲茨威廉博物馆（**Fitzwilliam Museum**）

需要提醒一下，NASA 的阿尔忒弥斯计划意在寻找和开 *146*
采月球的水资源，将水中的氧和氢转化成火箭燃料，利用
那里发现的金属进行基地建设，将月球打造成比卡纳维拉
尔角更便捷的发射台，用于执行前往小行星、其他卫星和
行星的航天任务（即"太空加油站"）。因此，本章要探讨
的问题是：**这种做法是否妥当？将月球变为太空加油站是
否合乎伦理，是否关乎人类的生存？月球是否有权保持现
状不受干扰？**

联合国发布的《月球协定》规定，各国有义务维护
"［月球］环境的现有平衡"。[1] 然而，除澳大利亚外，具备
太空能力的国家无一签署这一协定。如今澳大利亚新成立
的航天局已具有抵达月球的能力，正在考虑退出该协定。[2]
也就是说，没有任何一个计划在月球建立前哨基地的国家
愿意承诺去保护月球的环境。此外，本应保护天体免受地
球污染（反之亦然）的《行星保护协议》（Planetary Protec-
tion protocols），似乎将月球归入最低级别的"I 类"[3]，认定
它是"对探索化学演变过程或生命起源无直接帮助的目标
天体"。该协议在谈到月球时规定，"无需采取……保护
措施"。[4]

---

[1] Moon Treaty, Article 7.

[2] Dovey, "Mining the Moon."

[3] 国际上将太空任务划分为五类，以评估任务对目标天体的污染风险。I 类
是这五类中污染风险最低的类别，主要包括那些对化学演变和生命起源研
究没有直接帮助的目标天体。——译者注

[4] Kminek et al., "COSPAR Planetary Protection Policy," 13 – 14.

当我听说百事可乐计划在 2012 年向月球表面投放激光广告时，曾对月球的未来忧心忡忡。虽然后来证实这是谣言，但我觉得现实可能比这更为糟糕：几十个国家和私营企业争相在月球周围部署卫星、建立基地，开采一切有价值的东西。

2020 年 10 月，我在读到《阿尔忒弥斯协定》（Artemis Accords）时，曾感到过一丝希望。这是由 NASA 发起的一项双边协定，签署者是"从月球到火星"计划中的合作伙伴。然而在此之前，没有任何一个国家征询过联合国外空委的意见。我在浏览协议的章节标题时，发现有一个标题是"保护外层空间财产"①。我本以为 NASA **终于有人关注如何保护我们那可怜、永恒的月球了**。但是当我翻到相关章节后，发现"外层空间财产"的含义与我想的不一样。"缔约国计划保护外层空间财产，"NASA 写道，"包括具有历史意义的人类或机器人登陆点、物体、航天器以及其他天体活动的证据。"这就是他们想保护的遗产。不是宁静海（Sea of Tranquility），不是冯·卡门陨石坑（von Kármán crater），不是勃朗峰（Mont Blanc）②、惠更斯山（Mons Huygens）或赫拉克利德海角（Promontorium Heraclides）。只是人类和机器人在过去 60 年中遗留的东西：脚印、登陆器、照相机、爆炸痕迹、铭牌，当然还有旗帜。这与认为圣约

---

① NASA, "The Artemis Accords," §9.
② 该段中的勃朗峰不是地球上阿尔卑斯山的最高峰，而是月球上的一座山。——译者注

翰大教堂神圣而否定乌鲁鲁价值的反矿物主义思想如出一辙：如果不是工业社会的人类创造物，那就不值得保护。按照《阿尔忒弥斯协定》的说法，"外层空间财产"只是意味着遗留在太空的地球人造物品（其中很多是垃圾），月球本身没有任何遗产。

关于这一点，或许没人能比马歇尔·T. 萨维奇（Marshall T. Savage）更直言不讳了。萨维奇是位企业家，也是一名太空爱好者，曾出版过《千年之计：殖民银河的八个简单步骤》（*The Millennial Project：Colonizing the Galaxy in Eight Easy Steps*）。"我们真的破坏不了月球，"他向我们承诺说，

> 不论是采矿还是建核电站，我们可以在月球表面恣意开采几个世纪，但很难看出我们曾经到过那里。原子能也是如此。即便我们在月球表面发动无限核战，等一切尘埃落定后，也很难说究竟发生了什么。①

但是谁想这样做？这是我想问萨维奇的第一个问题。为什么会有人"恣意"开采**资源**？究竟是谁想"发动无限核战"？目的又是什么？ *148*

"为了利润，"我想他会这样回答，"也为了进步，为了未来，为了拯救人类。拯救人类可以不计一切代价。"

---

① Savage cited in Dovey，"Mining the Moon."

也许真是如此。但是萨维奇的承诺是对的吗？难道只要我们想，就可以在地球唯一的天然卫星上肆意妄为？答案很可能是否定的。太空作家、人类学家瑟立文·多维（Ceridwen Dovey）坚决反对萨维奇"我们**能够**破坏月球"的观点：火箭废气会污染月球脆弱的外逸层，对几十亿年来变化不大的表面造成不可逆的损害。这些即将发生的损害**对我们**造成的影响包括，使无摩擦起飞和着陆变得困难，妨碍我们对早期太阳系的认识等。但是再说一遍，更棘手的问题是，对**月球**的这种做法是否合适。

根据一些澳大利亚学者和活动家的观点，这种做法绝对不妥。他们呼吁推广"自然法权"（Rights of Nature Laws），这一权利在过去几十年里赋予了许多自然地貌法律主体地位，例如，印度的恒河（Ganges River）、哥伦比亚的阿特拉托河（Atrato River）以及新西兰的特乌雷瓦拉（Te Urewera）雨林。鉴于国家和企业在定居和开发月球的产业上不断升级，这些律师、人类学家、建筑师与伦理学家联合发布了《月球权利宣言》（Declaration of the Rights of the Moon）。①

宣言指出，月球绝不只是一个被开发利用的客体，它拥有独特的环境和景观，蕴含着我们才开始理解的历史，"对人类来说，具有深远的文化和精神意义"，而且"对地球的正常运转至关重要"。有鉴于此，作者们宣称，"月

①　Australian Earth Laws Alliance, "Declaration of the Rights of the Moon."

球……**是一个独立的自然实体**。"① 因此，它"拥有基本权利"，主要包括免受人类污染、开采或战争破坏的权利。

149

在西方传统中，法律只授予那些被视为"人"的实体权利。众所周知，美国宪法在颁布后的前 80 年里，将奴隶算作五分之三个人。不得不说，这种做法听起来非常荒谬，但是若要为非裔美国人争取权利，就必须首先承认他们具有完整的人格。（这种悲剧性的地位不言而喻，即便今天依然在"黑人的命也是命"的口号中有所体现。）活动家采取了类似的策略，竭力为神圣的河流、山脉、非人类的动物——当然还有公司，争取法律人格地位。

然而遗憾的是，美国法律只赋予了最后一类实体——企业明确的法律人格地位，却将河流、山脉和猪等潜在的人格实体贬低为私人谋利的"资源"。"实际上，"地质学家、罗马天主教牧师托马斯·贝里（Thomas Berry）② 指出，"美国政府和整个法律系统的基本目标是，协助甚至资助工业公司开发自然资源。"③ 但问题在于，当人类及其企业将自身地位置于自然世界之上时，便无异于自掘坟墓。正如贝里所说，"没有健康的星球，哪来健康的人类"。因此，保障人类权利的唯一途径在于，保护"那些人类最依赖的

---

① 加粗为原文强调部分。

② 托马斯·贝里（1914—2009），美国天主教牧师、哲学家、历史学家和环保主义者。他致力于将宗教和环境保护联系起来，提倡生态神学和生态哲学的理念，强调人类与自然世界的相互依存关系，主张对自然资源进行可持续利用。——译者注

③ Thomas Berry, "Rights of the Earth," 29.

生命形式"的权利，包括动物、植物和矿物。

对祖布林等人而言，上述观念简直是荒谬绝伦。他认为，月球不具有"保持原状的'权利'"，它甚至根本就没有任何权利，因为"显而易见，月球只是一块死寂的岩石。它不能采取任何行动，也没有行动的意愿"①。

太空考古学家艾丽斯·戈尔曼（Alice Gorman）的观点与此截然相反。在她看来，相较于埃克森美孚公司（Exxon-Mobil），月球的人格特质更为显著。她认为，人格包含两个主要的特征：一是**记忆**，即"对过去事件的认知"；二是**能动性**，即具备行动能力。② 她指出，月球的记忆不仅存在于阿姆斯特朗的脚印和奥尔德林的挂带上，也存在于它自身的水冰、陨石坑和熔岩区中。这些地貌被罗尔斯顿称作投射物，蕴含着太阳系早期历史和其他星系演变的线索，可以被视为具有回忆功能。简而言之，月球具有记忆的特征。

戈尔曼认为，除了记忆能力，月球显然也具有能动性。它并非被动地待在那里等待人类去登陆和利用。事实上，它能够引起并调控地球的潮汐，让地球稳定地沿着地轴自转。即便从地形的角度来看，月球也是"非常主动的景观"，在很多方面"遏制着人类掠夺其资源的欲望"。③ 关于月球的能动性，最鲜明的例子莫过于阿姆斯特朗和奥尔

---

① Zubrin, "Wokeists Assault Space Exploration."
② Gorman in Handmer, "MVA Public Forum on the Moon."
③ Gorman in Handmer.

德林安插首面国旗时遇到的麻烦。工程团队虽然知道月球上没有风能使旗帜飘扬，却似乎没有预料到，那里也没有合适的土壤。根据太空作家克里斯托弗·波特（Christopher Potter）的描述，"阿姆斯特朗满头大汗，费力地将旗杆插入地面"，却发现"那里只有尘埃和坚硬的岩石，此外便空无一物"。① 如果你看过安插国旗的录像，你会发现两人花了三分半钟才将旗杆安置稳妥。他们不断调整位置，整理旗帜，甚至将尘埃踢成固定旗杆的小土丘。然而，就在登月舱从月球表面起飞的瞬间，国旗便倒了下来，月球占据了最后的话语权。

除了难以穿透的地面外，戈尔曼告诉我们，月球上还有月尘。它"附着性强，粗粝，含有锋利的岩石碎片。当受到人类干扰时，微小的尘埃会四散飞扬，刺激人体的肺部，损坏密封的结构，阻碍设备的正常运行"②。戈尔曼与祖布林的观点迥异，她认为月球**真的**有行动力。实际上，月球甚至可能有自己的**意愿**。鉴于月球会影响宇航员的呼吸，扰乱机器的运作，或许它在借此表达一种地质意愿，希望人类继续留在自己的地球家园。

或许，我们可以将类似的观点应用到火星殖民事业上。斯派罗指出，"如果我们必须穿上太空服造访火星，将其彻底改造后才能在那里居住"，那么火星可能"并不是我们的

151

---

① 　Potter, *The Earth Gazers*, 321.

② 　Gorman in Handmer, "MVA Public Forum on the Moon."

归宿"。①

事实摆在眼前，火星显然不是我们的归宿：看看我们要付出多大的代价，才能在那里获得一线生机。然而，很难想象那些政治家、太空企业家和缅怀殖民事业的人会静下心来，去倾听这些天体可能给我们传达的信息。我们极不情愿承认一个事实，即外太空显然想消灭我们，不欢迎我们的到来。最近，地球联盟（Earth Alliance）② 的律师米歇尔·马洛尼（Michelle Maloney）在谈到月球争夺战时说："假如答案是'别去打扰月球'，那么肯定没人愿意听。"③

亲缘关系

我在前面提到，人们是否认同岩石享有权利，并不是我们讨论的核心，我想在这里再强调一遍。（同样，我们也无需纠结人们是否认同月球享有人格。）一些人认为，这种立场过于感性，不符合逻辑。另一些人则担心，这可能会削弱受压迫的人类和非人类动物的迫切需求。对于马洛尼等人来说，赋予月球法律人格地位依然在强化人类（白人、欧洲人）是实体权利享有者的准则，这会使人类成为世间

---

① Sparrow, "The Ethics of Terraforming."
② 布莱恩·谢斯（Brian Sheth）、莱昂纳多·迪卡普里奥（Leonardo Di-Caprio）以及劳伦·鲍威尔（Laurene Powell Jobs，史蒂夫·乔布斯的遗孀）共同创立了环保组织"地球联盟"，致力于保护生物多样性和解决气候变化问题。——译者注
③ Maloney in Handmer, "MVA Public Forum on the Moon."

至高无上的存在。但是无论答案如何，关于岩石权利**问题**的讨论都会让我们放慢脚步，进而思考有些事物是否应该成为财产。只有承认整个宇宙可能并不属于我们，我们才能像罗尔斯顿那样思考：我们如何融入其中？

也许，导致问题出现的部分原因在于语言。西方人将"外太空"的世界描绘为无限虚空，但是对于生活在澳大利亚北领地的巴瓦卡人（Bawaka people）来说，大气层之外的世界既非虚空，也不是"外层"：那里是天国（Sky Country），是他们祖先居住的地方，他们会像对待地球家园一样，对其充满关心和尊重。每当部落中有人去世，哀悼者就会借助圣洁的歌声，将其从地球沿星河（River of Stars）护送至天国。他们的"星河"被西方人称为"神奶路"（Milky Way，即银河）。他们相信，祖先们在星空寓所中会继续关注并影响子孙后代的生活。

近年来，巴瓦卡人开始反对工业化国家在太空中的所作所为。[1] 他们担忧航天大国及其合作企业会冒犯月球、小行星和火星等天体。在他们看来，这些天体应当受到呵护，而非被肆意掠夺。他们特别关注近地轨道中的太空垃圾，因为它们不仅遮蔽了他们仰望星空的视线，还有可能阻碍祖先从地球飞升至天国的通道。在巴瓦卡人眼中，星空从来都不是有待征服的边疆，而是守护地球生命世界的屏障。那么到底是谁想要掠夺这片星空？（唉，我们可能会回答，

152

---

[1] Bawaka Country, "Dukarr Lakarama."

正是那些掠夺过地球的人。）

将天体视为亲缘关系的观点在巴瓦卡人中非常典型，但是并不局限于他们。纳瓦霍人将天空称为"天父"。斯基迪波尼人（Skidi Pawnee）认为，地球上的人类由星辰所孕育。祖尼人（Zuni people）称太阳为"父亲"，地球为"母亲"，星星为亲人。信奉方济各传统的基督徒称月亮为"姐妹"，太阳为"兄弟"。一些现代的异教徒也像古希腊人一样，相信月亮是女神阿尔忒弥斯的领地。

2020年夏天，一些"小女巫"（年轻且经验不足的巫术修行者）在抖音上对月亮施行魔法。这一行为自然引起了长老们的愤怒，因为他们认为这会冒犯阿尔忒弥斯及其孪生兄弟阿波罗。顺便提一下，阿波罗是治愈之神。[1] 长老们愤怒地质问道："她们竟敢染指自己不了解的力量！尤其是地球正面临严重的疫情——她们应该讨好治愈之神，而不是激怒他。"如果这些女巫知道NASA准备对月亮做什么——NASA还将一次任务以阿尔忒弥斯命名，她们会作何感想？

*　　*　　*

20世纪70年代初，阿拉斯加的一位人类学家询问生活在一起的因纽特人（Inuit people），有没有听说过阿波罗计

---

① Lampen, "Have TikTok Witches Actually 'Hexed the Moon'?"

划。她向他们讲述了第一枚绕月火箭以及第一艘登月飞船，说起了阿姆斯特朗和奥尔德林，还提到了月球上的国旗和脚印。另一位学者描述了当时的情景：

> 因纽特人哄堂大笑。当人类学家询问原因时，他们回答道："我们不知道这是你们白人第一次去月球。我们的巫师许多年前就去过那里了。他们一直去……问题不在于我们是否去探访亲人，而是我们去了之后如何对待他们以及他们的家园。"[1]

我再强调一遍，我们思考这个问题时，无需怀有某种特定的信仰。假设月球是"我们亲人"的居所，我们会如何对待它的表面、冰层，还有大气层？如果我们相信亲人去世后会在那里生活，我们会如何对待太空航道？如果我们认为火星是法人或者是神祇，我们又会如何对待火星？这些是否属实并不重要，重要的是，如果我们持有这种信念，我们会如何行动。正如异教徒可能会提出这样的疑问，**阿尔忒弥斯计划到底要开采什么？**

---

[1]　参见 Young, "'Pity the Indians of Outer Space,'" 272。

第七章

其他时空

天使领以色列人出埃及，天使为何不能领他人到别处？

——桑·拉

他们在哪里？

天体生物学界有一个"费米悖论"（Fermi Paradox）的难题，大致表述如下：在可观测宇宙的范围内有 10 万亿亿颗恒星，这意味着可能存在 100000000000000000000000 个太阳系，[①] 每个太阳系都被 0 到 8 个（或许更多）行星所环绕。即使这些行星中只有千分之一存在生命，哪怕百万分之一或 10 亿分之一，那么宇宙中生命的数量也非常惊人，其中很多生命形态应该比地球生命更为古老，技术也更为先进。因此，意大利物理学家恩里科·费米（Enrico Fermi）提出质疑：**他们在哪里？**

近年来，有关"不明空中现象"（UAPs）的信息被逐渐解密，这是五角大楼对此前被戏称为不明飞行物（UFOs）的新称呼。[②] 事实证明，天上有各种各样的东西在飞行，至少无数飞行员、军事特种兵、天文学家和普通公民的证词都这么说。目前尚不清楚这些飞行物是来自地球还是外星，

---

① 10 万亿亿与 100000000000000000000000 并不对应，此处可能是作者笔误。——译者注

② Lewis-Kraus, "How the Pentagon Started Taking U. F. O. s Seriously."

156 是有机生物还是技术产物，是简单的机械还是高级的智能体，或者是这些特征的某种组合。然而，成千上万被编目的不明空中现象进一步强化了费米悖论：如果宇宙中有外星人，而且他们也知道如何找到我们，那为何还没有表明身份？

2021 年春天，我和天体生物学家大卫·格林斯普恩邀请非洲未来主义策展人英格丽德·拉夫勒（Ingrid LaFleur）参加了一个在线研讨会。"或许外星人不喜欢我们的行为方式，"拉夫勒随口说道，"我们探索太空时对宇宙极不尊重……只是留下了数不清的垃圾。我能理解他们为什么不愿意与我们的星球打交道。"

"哈！"格林斯普恩喊道，"这可能是我听过的对费米悖论最好的解释！'他们为什么不来？……因为他们看到了我们的真面目，根本就不**想来**！'"

我再说一遍，我们思考这个问题时，无需怀有某种特定的信仰。地球之外可能有生命，也可能没有。这些生命可能驾驶违反物理定律的圆盘状飞船定期巡游，也可能不会。假如他们真的这么做了，他们会看到什么？且不论他们是否真的存在，这个问题本身就很有启发意义。外星人会如何看待我们这些在银河和宇宙中的地球人？我们的星球持续变暖，国家之间战争不断，垃圾漫天飞舞，宇宙淘金日趋狂热。

我也不知道如何回答自己的问题。就我而言，外星人并没有联系过我。但是我觉得，其他星球的智慧生物面对入侵太空的我们时的反应，可能和第一民族（First Nations）面对跨海而来的欧洲人时的反应一样：好奇、惊讶、困惑、厌恶与恐惧交织。可以肯定的是，两者的反应相同，因为他们面对同样的入侵策略：派遣先遣队，建立前哨站，重新规划土地，开发资源，贩卖资源，建立殖民地，并且用大炮和士兵作为后盾。

我在前面提到，热衷于太空探索的企业家坚称，这次 *157*情形与以往大不相同，因为他们瞄准的地方无人居住。欧洲人曾**误以为**非洲、美洲和澳洲是荒无人烟的土地，对那里的原住民守护者施加了难以想象的暴行。即使最热衷于地球化改造的人也会承认，对第一民族的奴役和破坏是错误的。但是话题一旦转向太空，他们就会坚持说那里空无一物。如今我们终于可以为边疆主义而自豪，因为我们最终找到了空无一物的边疆。

正如我在讨论岩石的人格时所做的那样，我希望人们暂时搁置对外星生物的判断。不要纠结外星生物是否存在——这并不是问题的关键，而是把焦点转向另一个问题：对于在地球上存在的生命来说，太空殖民的方式是否真的有益？

根据主流太空探索者的观点，答案无疑是**肯定**的。由美国主导、企业支持的太空征服将会确保西方价值观主导太空（肯尼迪），保护美国及其盟友的军事和经济利益（太空部队），保存西方文明（祖布林），拓展意识之光（马斯克），解决能源危机（贝索斯），让普通人从太空回望地球

（布兰森），进而造福全人类。就连采矿公司也援引人道主义的论调，如月球快递 CEO 坚称，将月球打造成加油站是为了"造福全人类"。①

然而，阿姆斯特朗的登月之旅对美国穷人、黑人、原住民和移民的贡献微乎其微，何谈全"人类"？同样，在太空中逐利只会让非投资人更加落后。克莱夫·汤普森（Clive Thompson）在《新共和国》（*New Republic*）杂志上预言说："太空中的大赢家很可能也是……地球上的大赢家。"② 毕竟，公司的主要义务是对富有的股东负责，而不是员工或客户，更不是全"人类"。但这些公司不断用"造福全人类"的承诺麻痹我们，借用科学作家马丁·罗宾斯（Martin Robbins）的话，它们保证我们"一踏进太空，所有人都会奇迹般地变好"③。

不过，在这种情况下，可能性微乎其微。难道我们真的指望那些在地球上找不到值得投资事业的亿万富翁们，在进入最后的边疆后会重新分配财富？难道我们真的指望那些极不人道的采矿、制造和全球零售行业，突然会在不宜居的星球上营造体面的工作条件？与此同时，他们在地球上造成的生态破坏又该如何处理？

当火箭起飞灼烧它离开的土地，当助推器被抛到近地轨道或海洋里，当大气层中充斥着几百万磅重的火箭燃料，

---

① 参见 HYPERLINK https://moonexpress.com/。

② Thompson，"Monetizing the Final Frontier."

③ Robbins，"How Can Our Future Mars Colonies Be Free of Sexism and Racism?"

我们的环境会发生什么变化？当 SpaceX 将博卡奇卡居民从突然变得有毒的家园赶走，那些负担不起在其他地方生活的人，那些日益失去生存环境的野生生物，又该何去何从？① 太空探索究竟在什么意义上造福全人类？

问题主要在于"**人类**"这个词本身。我并不是第一个有这个想法的人，一些加勒比、非洲和非裔美国哲学家早已揭示出这一抽象概念的危险性，比如弗朗茨·法农（Frantz Fanon）、西尔维亚·温特（Sylvia Wynter）、阿希尔·姆贝姆贝（Achille Mbembe）、查尔斯·米尔斯（Charles Mills）和赛迪娅·哈特曼（Saidiya Hartman）。所谓"人类"的说法打着包容的幌子，让非白人、非欧洲的主体臣服于欧洲的统治。正如温特指出的那样，欧洲用所谓的普世人道主义吞并了整个美洲。②

基督教国家四处鼓吹一种信仰，即所有人皆由一个神所创造，并且由他的独子所拯救。这也成了为一切暴力行径辩护的幌子，谎称它们是拯救灵魂所必需的手段。同样地，太空企业家也不断宣扬一种观点，即环境恶化、财富的罪恶积累以及对现实人类痛苦的漠视，都是实现拯救人类这一神圣目的的必要手段，这让他们摆脱了所有的道德谴责。但是如果这些银河拯救者们在拯救的过程中毁灭了大部分人，也毁灭了我们**生存**的唯一的生物圈，那他们究

159

---

① Utrata, "Lost in Space."
② Wynter, "The Pope Must Have Been Drunk."

竟在拯救什么？

　　这里存在一个被称为**长期主义**（longtermism）的操作性谬误，它在硅谷等地很受欢迎。这种观念认为，人类在银河系中永生比任何现有群体当下的幸福更重要。一些**貌似**巨大的困扰，比如饥饿、贫困、种族主义、战争、飓风、洪水、流行病和群体灭绝，如果"从整个人类的角度来看"，不过是物种进化过程中的波折。技术哲学家尼克·博斯特罗姆（Nick Bostrom）向我们保证："即使最严重的灾难也只是生命大海上的涟漪。"① 因此，问题的关键在于，超越特定人群的日常困境，专注于人类的长期生存。

　　我还是直奔主题吧。长期主义是马尔科姆·艾克斯（Malcolm X）② 所谓"天上馅饼，来世天堂"的高科技版。在不公正的法律和秩序下，美国黑人长期遭受苦难，马尔科姆对此深恶痛绝，于是将美国的种族主义社会制度归咎于基督教学说，即尘世的苦难将在来世得到回报。在他看来，这种关于天堂的学说是维持甚至粉饰压迫的工具，它让美国黑人相信推翻压迫者毫无意义，甚至会亵渎神灵。他们被教导，从永恒幸福的视角来看，贫困、种族主义乃至奴役都微不足道，只不过是**生命大海上的涟漪**。

　　如今我们发现，太空企业家正在兜售一种连基督徒都

---

① Bostrom cited in Torres, "Dangerous Ideas of Longtermism and Existential Risk."
② 马尔科姆·艾克斯（1925—1965），非裔美国穆斯林领袖、演说家和人权活动家，反对种族歧视、维护黑人权益以及主张黑人自力救济。他认为黑人应该在现实生活中争取自己的权益，而不是等待来世的天堂。——译者注

已经放弃的学说。自二战结束以来，除了最保守的神学外，救赎性的苦难观和执着于天堂的思想已经在所有的神学领域销声匿迹。[1] 在大多数情况下，基督徒都支持救济饥民、资助难民、探访病人和囚犯、组织康复会议以及捍卫黑人的生命。然而，亿万富翁却在小行星带上呼唤天堂。

这里存在一种残酷的数字命理学，它将地球上的 80 亿人（其中 7 亿人极度贫困）与我们未来殖民室女座超星系团（Virgo Supercluster）后**可能**存在的 10^{23} 人进行对比。[2] 显然，10^{23} 远大于 80 亿或 7 亿。因此，长期主义者主张将精力投向假设的人类而非现实的人类。事实上，他们还警告说，现实的人类可能并不真实，可能只是计算机模拟的产物。

我并没有杜撰。自勒内·笛卡尔（René Descartes）时代以来，这个想法就以各种形式出现，在 1999 年的《黑客帝国》（*The Matrix*）和博斯特罗姆[3]的游戏迷哲学中卷土重来。沃卓夫斯基兄弟（Wachowskis）[4] 让我们认识了墨菲斯

---

[1] 通常认为，基督教神学向"世俗化"的转变是受迪特里希·朋霍费尔（Dietrich Bonhoeffer）的影响。他在参与策划刺杀希特勒的行动后，死于集中营。参见 Bonhoeffer, *Letters and Papers from Prison*。

[2] 参见 Torres, "Dangerous Ideas of Longtermism and Existential Risk"。

[3] 尼克·博斯特罗姆（1973— ），瑞典哲学家、科学家，研究人类未来、技术、人工智能等领域。他在 2003 年提出了"模拟假说"，认为人类或许只是一个高级文明用来实验、娱乐或研究的虚拟角色。——译者注

[4] 安迪·沃卓夫斯基（Andy Wachowski）和拉里·沃卓夫斯基（Larry Wachowski），美国著名电影导演、编剧和制片人，其作品《黑客帝国》系列在科幻和哲学领域产生了深远的影响。在电影中，墨菲斯是一位反抗机器统治的领导者，他努力解放那些被困在虚拟世界中的人类，揭示现实世界与虚拟世界的真相。——译者注

（Morpheus）这个角色。四年之后，博斯特罗姆进一步提出，如果创建一个有意识的模拟世界可行（即使是理论上），那我们极有可能生活在其中。[①] 与此同时，未来主义经济学家罗宾·汉森（Robin Hanson）推论说，如果我们活在模拟世界里，就应该尽可能勇敢大胆地行动，这样才能让操控者保持足够的兴趣，让我们的生命不断延续。汉森认为，假设我们生活在一个模拟世界中，整体氛围会让我们更加关注当下，甚至变得更加自私。他进一步说："无论你是在攒退休金，还是努力帮助埃塞俄比亚的穷人，一旦意识到自己生活在虚拟世界里，永远不会退休，甚至也不存在埃塞俄比亚这种地方，那么你可能就会失去动力。"[②]

我不想用各种具体的细节来折磨大家，它们有时让人难以置信，有时又糟糕透顶。我之所以提到它们，只是为了填充我们最活跃的太空乌托邦主义者的思想传记。他通过对长期主义的深入研究，提出了自己解决费米悖论的方案。

马斯克问道："如果在过去的 138 亿年里，银河系存在一个先进的文明，那么它为什么没有出现在我们面前？"这正是费米提出的问题：**他们在哪里**？马斯克答道，我们可能生活在一个计算机的模拟世界中，我们的意识可能是超智能生物的创造物。他们操控着一款超级先进版本的模拟

---

① Bostrom, "Are We Living in a Computer Simulation?"

② Hanson, "How to Live in a Simulation."

城市（Sim City）游戏，而浩瀚的宇宙不过是我们微不足道 161
的追求的虚拟背景。因此，我们必须大胆无畏，赢得更多
的生命值和能量包，在模拟器终止游戏前解锁新世界。

　　或许我们并非虚拟出来的，而是被创造出来的。马斯
克猜测："如果这不是一场模拟，那我们可能生活在实验室
里。某个先进的外星文明好奇地观察着我们的发展，就像
观察皮氏培养皿里的霉菌一样。"① 但是不管我们是霉菌孢
子，还是像马里奥（Mario）和路易吉（Luigi）② 那样的角
色，目标都很明确，即发展壮大、繁衍生息、维持生存。
那么问题来了：如果我们周围的世界只是量子计算的模拟
物或外星生物的培养皿，那么我们又何须为湿地或珊瑚礁
而担忧？如果它们确实重要，操控者肯定会创造更多；如
果无足轻重，就有必要牺牲苍鹭、青蛙和大海龟，以提升
人类在火星上的水平。

　　你可能已经察觉到，在这种定量思考中，定性因素被
完全忽视了。在高科技多元宇宙的模拟世界里，会有成千
上万的星球，星球上会有无穷无尽的人类。如果我们想到
这些，可能会瞠目结舌，以至于颠倒了主次：我们关注的
不应该是富人的子孙过什么样的生活，而是为了维系这个
庞大的游戏幻想，我们大多数人该如何继续生存。

------

① Musk cited in Andersen, "Exodus."
② 马里奥和路易吉是任天堂公司旗下的电子游戏《超级马里奥兄弟》中的角
　色，两人是意大利裔的兄弟，在游戏中扮演水管工，主要任务是通过各种
　关卡，拯救被邪恶的魔王绑架的公主。——译者注

"对其他事物的强烈渴望"

在《离开奥米勒斯的人》（*The Ones Who Walk Away from Omelas*）中，科幻小说家厄休拉·勒奎恩（Ursula Le Guin）描述了一个金碧辉煌的乌托邦城市。那里的街道熙熙攘攘，色彩斑斓，公园众多，设施齐全，人民幸福，气氛欢快，动物们都得到了悉心的照顾，阳光和雨水均衡，技术能够满足每个人对舒适的需求（那里有"高速运行的小火车和双层有轨电车"，但是没有汽车或直升机）。① 唯一的问题是，这座城市的欢乐完全建立在一个孩子无尽的痛苦之上——他（她）被困在地下室中，赤身露体，三餐不继，终日与旧拖把和泥地板为伴。

162 "他们都知道他（她）在这里，"叙述者说道，

> 所有的奥米勒斯人。有些人还去看过他（她），也有些人觉得，只需要知道他（她）在哪里就行了。他们都明白，他（她）必须在这里。……他们幸福的生活，美丽的城市，温馨和睦的关系，子女的健康，学者的智慧，工匠的技艺，甚至庄稼的丰收和晴朗的天气，全都取决于这个孩子所遭受的无尽苦难。②

---

① Le Guin, "Ones Who Walk Away from Omelas," 279.
② Le Guin, 282.

勒奎恩在简短的前言中提到，故事的灵感源自美国心理学家威廉·詹姆斯（William James）的一个思想实验。"只需满足一个简单的条件，让某个迷失的灵魂……独自饱受折磨"，就可以让数百万人永远繁荣。詹姆斯无法接受这种假设。他坚定地认为，我们没有一个人能接受这样的交易。因为一个灵魂的痛苦会毁掉我们数百万人的幸福，不是吗？

"亲爱的詹姆斯先生，"勒奎恩笑着说，"实在是太善良、太天真了。"她感慨道："看看他说'我们'的方式，仿佛所有的读者都像他一样高尚！"然而，我们绝不是这样。勒奎恩的叙述让我们意识到，并非只有少数人会将幸福建立在他人的痛苦之上，就像奥米勒斯人和被献祭的孩子那样，"我们"大部分人都会如此。许多富裕国家的居民喜欢购买儿童血汗工厂制造的廉价衣物；许多人乐于前往禁止当地人进入的旅游胜地；我们大多数人喜欢新鲜的水果，尽管种植和采摘的工作条件十分恶劣，运输的喷气式飞机会污染空气，卡车会压死过路的生物，精心保管的人根本买不起。这就是资本主义的运作模式：一部分人的幸福以他人的痛苦为代价。我们和奥米勒斯人唯一的不同点在于，我们并不想知道这一切，而且我们所依赖的受苦的孩子也不止一个，多得惊人。

163

在故事结尾，勒奎恩向"那些选择离开的人"致敬。一小部分奥米勒斯人认识到，他们的幸福不应该以哪怕一个孩子的痛苦为代价，于是选择独自走向黑暗。"对于我们大多数人来说，他们要去的地方比幸福之城更加难以想象，"叙述者承认，"我根本不知道该怎么描绘，也许它并不存在。但是这些离开奥米勒斯的人似乎知道要去哪里。"① 那么问题来了，作为读者的你们能否看清这一切？你们能想象出一个不以他人痛苦为代价的社会吗？能不能清楚地看到并相信它？能不能坚定不移地前往那里？我能吗？

"但是我们能去哪里？"你们可能会反问。如今企业资本已覆盖全球，甚至延伸到外太空，我们再也没有可以去的地方了，至少在现实中如此。我们去哪里才能过上不一样的生活？即使能找到这样一个地方，那个可怜、赤裸、受难的孩子又该怎么办？我们离开奥米勒斯会改变什么吗？难道我们不会像那些富人一样被指责——一心只想着如何离开这个世界，却丝毫不关心如何修复它？

非裔未来主义科幻作家 N. K. 杰米辛（N. K. Jemisin）曾写过短篇小说《留下并战斗的人》（The Ones Who Stay and Fight）②，对勒奎恩做出了回应。也许，这些是她创作时思考的一些问题。她笔下的乌姆–海拉特城（Um-Helat）富丽堂皇，人们丰衣足食，身体健康，充满了快乐。他们的出身背景各不相同，说着多种语言，制定了确保所有公民安全和舒适的法律。"这就是乌姆–海拉特，"叙述者说，

---

① Le Guin, 284.

② 杰米辛（1972— ），非裔美国科幻小说家，也是首位获得雨果奖三连冠的作家。《留下并战斗的人》是她短篇小说集《黑人未来月还有多久》（How Long'til Black Future Month）中的第二篇。——译者注

"一个人人相爱的城市。"①

在整个故事中，叙述者经常会暂停叙述，回应我们可能出现的疑虑。一个社会怎么可能会如此完美、如此团结、**如此欢乐**？一定存在一些问题吧？当然有问题。和奥米勒斯一样，乌姆–赫拉特的问题也与一个孩子有关。一个孩子的父亲从读者世界的"愚昧地狱"中发现了信息，开始了解并传播这样一种观念：**一些人没有另一些人重要**。②孩子父亲宣扬的这种新信仰威胁到了社会的根基，一组社会工作者只好找到他，结束了他的生命，然后转身看向他那愤怒、悲伤、受到思想毒害的女儿。正当读者准备迎接更多的暴力时，一名社会工作者"蹲下来，握住了孩子的手"。③

"什么？"叙述者惊呼道，"你惊讶什么？你以为整件事会以冷酷地残杀一个孩子收场？不，还有其他选择——这里是乌姆–海拉特，我的朋友，即使一个可怜、患病的孩子也很重要。"④

还有其他选择。并非在远方，而是在我们所处的混乱之中。找到解决方法并付诸行动，将是选择留下来并为之抗争之人的使命。换句话说，坚守者是新世界的缔造者，而逃离者不相信世界还有其他可能性。坚守者创造新世界，

---

① Jemisin, "Ones Who Stay and Fight," 4.

② Jemisin, 7, 9.

③ Jemisin, 11.

④ Jemisin, 11.

逃离者固守旧世界，看不到其他选项。

我指出这种讽刺性，并不是为了批评勒奎恩，而是旨在揭示宇托邦主义者极端保守的本质。他们离开地球，依然是在维持世界的现状。这些"火箭超人"会在太空中掠夺更多的土地和资源，而我们中间那些饱受饥饿的人、被殖民的人、黑人、原住民、工人阶级、热爱地球与追求和平的人，仍充满了对桑·拉所说的"对其他事物的强烈渴望"。他们的目标并不是在未来的太空中维持相同的制度，而是在此时此刻建立全新的制度。正如美国研究者杰娜·布朗（Jayna Brown）在《黑色乌托邦》（*Black Utopias*）①一书中所说："我们必须跳进缺口，跳进裂缝，进入一种完全不同的范式。"②

艺术，或许是答案

完全不同的范式！我们要去哪里寻找？范式是我们理解世界的透镜，我们如何超越最初赋予我们想象力的东西？165 这好比去想象一种从未有过的色彩，或者在完全不参考现有生物的情形下，去创造一种全新的物种。如何去想象无

---

① 杰娜·布朗，美国女性学者，研究领域包括黑人音乐文化、性别、种族和文化理论。她所著的《黑色乌托邦》是一本关于黑人文化与乌托邦理论的研究性著作，探讨了黑人历史和文化中关于乌托邦的想象和实践。——译者注

② Brown, *Black Utopias*, 15 – 16.

法想象的事物？

我们知道，尼采在批判基督教时也陷入了同样的困境。我在讨论殖民主义的《圣经》遗产时提到，尼采称现代科学是古老基督教的延续，让我们与自身的快乐、幸福以及地球本身进行对抗。尼采认为，这种"虚无主义"无处不在，存在于宗教中，当然也存在于科学（尼采生前没有见过原子弹）、哲学、语言、政治和经济中。所有的西方主流知识体系都让我们驯顺地面对自我毁灭。

我们该怎么办？尼采有些束手无策。毕竟，他也处在那种孕育了无数虚无主义者的体系之中。然而，他坚信还有其他生存方式——肯定生命、能量和繁荣的方式，只是他没有在任何地方找到。因此，诀窍在于把它们造出来。

把它们造出来。不是像探险家、科学家或朝圣者那样去发现，而是去**创造**。创造力让尼采看到了希望，使他一度认为，艺术或许能引领我们走出虚无主义，但他随后又抱怨艺术家容易堕落。[①] 的确，艺术和其他事物一样，更多地反映现实而非改变现实；但其中总有一些东西能脱颖而出，引领我们从毁灭的深渊中想象出完全不同的世界。

这是勒奎恩荣获 2014 年美国国家图书基金会（National Book Foundation）的美国文学杰出贡献奖（Medal for Distinguished Contribution to American Letters）时向世界传达的信息。对于科幻小说家来说，这一奖项是前所未有的荣誉，

---

① Nietzsche, *On the Genealogy of Morals*, 3.25.

因为"现实主义"评论家往往将科幻小说贬低为幼稚、逃避现实的体裁。勒奎恩在特朗普当选总统的两年前说过："艰难时世即将来临，我们迫切需要作家的声音，呈现一种与我们现在不同的生活方式。"勒奎恩认为，推理小说、科幻小说和奇幻文学的作家，"能够透过当下被恐惧支配的社会及其痴迷于科技的表象，看到其他的生存方式，甚至构想出支撑希望的坚固基石"①。其他的生存方式，就像杰米辛笔下的乌姆-海拉特，居民们只要愿意，就可以拥有自己的家。

事实上，绝大多数奇幻和科幻作品并未构建出完全不同的世界，只是在重复迪内（Diné）②评论家卢·科纳姆（Lou Cornum）所说的帝国故事，即"白人男性探险家……与异域、原始、神秘、危险的外星人相遇"③。但是也有一些作品，尤其是在那些种族和性别处于边缘化的艺术家笔下，能将故事翻转，或者从侧面讲述，甚至进行重新演绎，让异域本身成为真正解放的净土，而不是将解放建立在压迫原住民、剥削劳动者和掠夺土地之上。

以原住民未来主义（Indigenous Futurism）流派为例，它通过挖掘第一民族的神话、仪式和故事，构建各种与当

①　Ursula K. Le Guin, "Speech in Acceptance of the National Book Foundation Medal for Distinguished Contribution to American Letters," https://www.ursulakleguin.com/nbf-medal.
②　迪内是美国西南部的一支原住民族，是民族内部人对自己的称呼，意思是"人民"。西班牙人则称其为纳瓦霍人（Navajó）。——译者注
③　Cornum, "Creation Story Is a Spaceship."

前主导地球的人类社会截然不同的形态。阿尼什纳比（An-ishinaabe）① 学者格蕾丝·迪伦（Grace Dillon）感慨道："严格意义上说，原住民的末日早已降临。"② 对于第一民族来说，哥伦布的航行无异于开启了世界末日，但是他们知道如何在浩劫中存活，并且在此后混乱的世界中创造了新的生存方式。例如，科纳姆提到，在拉古纳普韦布洛人（Laguna Pueblo）莱斯利·马蒙·西尔科（Leslie Marmon Silko）的小说《仪式》（Ceremony）中，最优秀的治疗者将传统草药与自己居住的"垃圾场"里的垃圾结合起来，以此治愈社区的心理创伤。③ 其他的选项，并不在未受污染的别处，而是就在我们所处的混乱之中。

还有一部名为《第六世界》（The 6th World）的短片，讲述了一项由纳瓦霍人和 NASA 合作的火星任务。片中太空部门核准的转基因玉米作物全部死亡，纳瓦霍宇航员塔兹芭·雷德豪斯（Tazbah Redhouse）通过培育偷偷带上飞船的祖传玉米花粉，成功拯救了自己和非原住民同事。科纳姆指出，"原住民未来主义提供的最有力的叙事之一在于：资本主义的发展和西方社会的进步是攫取、破坏和否定生命的过程，而我们原住民作为先进技术知识的传承者，可

167

---

① 阿尼什纳比人是北美洲原住民的一个族群，主要分布在加拿大和美国五大湖地区，拥有自己独特的语言、文化和传统，包括奥吉布瓦人（Ojibwe）、渥太华人（Odaawa）、波塔瓦托米人（Potawatomi）等。——译者注

② Dillon, "Imagining Indigenous Futurisms."

③ Silko, Ceremony.

以更深刻、更有创造性地应用这些先进知识。"①

殖民主义不易为人觉察的暴行之一在于，它抹去了除自身以外的所有故事和知识。通过切断奴隶和原住民与他们土地、语言、仪式、祖先和信仰的联系，西方帝国主义将自己呈现为唯一鲜活的历史，因此也是唯一可能的未来。我们开始相信，除了接受西方的价值观、技术、政治和经济体制外，我们别无选择。（甚至我的学生也告诉我，他们更有可能生活在旋转的企业太空舱中，而非地球上的公正社会里。）坦白地说，西方的技术、政治和经济体制有**各种**替代方案。正如原住民未来主义所揭示的那样，我们的任务是恢复被殖民和被压迫民众被故意抹去的历史，筛选出最具生命力的故事，并将其与现代世界的混乱相结合，构想出全新的生存方式。

原住民未来主义同时存在于多重时间维度中，能够开启我所说的"其他时空"，这种颠覆性的流派受早先非洲未来主义（Afrofuturism）的影响。加纳裔英国理论家科杜沃·艾顺（Kodwo Eshun）称，非洲未来主义是一种"'反未来'的历史恢复计划"。② 通常认为，**非洲未来主义**这一术语是英美批评家马克·德瑞（Mark Dery）在与黑人科幻作家塞缪尔·德拉尼（Samuel Delany）、格雷格·塔特（Greg Tate）和特里西亚·罗斯（Tricia Rose）对话时提出

---

① Cornum, "Creation Story is a Spaceship."
② Eshun, "Further Considerations on Afrofuturism."

来的。① 由于它在起源上具有白人、美国人，尤其是男性的色彩，一些艺术家并不认同自己是非洲未来主义者，但也有人根据自己对变革的愿景，对它进行扩充、修正和改进。②

最著名的非洲未来主义者可能当属实验性爵士音乐家桑·拉。拉摒弃了出生时被强加的"奴隶名"，从埃及神灵、埃塞俄比亚皇室和其他星球的振动中获得灵感，重新为自己取名。拉厌恶奴役美国黑人的社会制度，于是将高贵的非洲遗产与外太空的其他世界联起来。他经常说，外太空是他过去生活的地方，那里时间互相交叠。然而，从古代的罗马到现代的洛杉矶，西方帝国总是被标榜成不断"进步"的线性发展形态。他对此极为抵制。他认为，太空不再是单纯的未来，"非洲"也不只是过去。在拉的想象中，所有不同的时间和空间在我们所在之地同时交融在一起。

"那些太空人联系了我，"拉说道，"他们邀请我和他们一起前往外太空。他们正在寻找思维相通的人。"③ 这些外星人通过所谓的"跨分子化"（transmolecularization）过程，把他的身体变成了"另一种形态"，带他前往土星后，又送他回到了芝加哥，让他用高级意识教导地球人。有时候，拉也会说自己其实来自土星，在那里学习了"高级生物"的

168

---

① Dery, "Black to the Future."

② 参见 Wabuke, "Afrofuturism"。

③ Ra cited in Szwed, *Space Is the Place*, 29.

音乐和哲学。①

拉的使命？他要引领历史上那些被剥夺了人格的民族，不只是让他们重回"人类"的行列，而且要超越"人类"。和许多非洲未来主义者一样，拉对"人类"的范畴毫无兴趣。毕竟我们知道，历史上除了那些自由的、拥有欧洲血统的两足动物外，所有的人都被排除在了"人类"之外。拉进一步指出："对于银河系中的生命来说，'人类'是一个可怕的词汇。我的任务是将 50 亿人变成另一种形态。"②"另一种形态"与西方自私、个体的"人"截然不同，后者已经扼杀了自己的星球。拉思考道，也许"另一种形态"是一种"鲜活的宇宙多元自我"。③

然而，即使这种表述，也可能会使拉的"后自我"显得过于狭隘和武断。拉真正的意图是让人们完全舍弃自我。"这里没有其他人，"他在描述宇宙多元自我时写道，"唯有超越单一维度的/平面汇交力④/它想让你/融入宇宙。"⑤那么普通人如何达到这种超维度？我们怎样才能舍弃自我，融入宇宙？当然是通过音乐。

如果有时间，请听听拉的歌曲《我们漫游在太空之路》（We Travel the Spaceways），特别是收录在他《精选辑：星

---

① Ra cited in Youngquist, *Pure Solar World*, 70.
② Szwed, *Space Is the Place*, 295, 356.
③ Baraka, *This Planet Is Doomed*, 12.
④ 平面汇交力是物理概念，通常用于描述物体受力的情况，可以理解为多个力同时在同一平面作用于物体上。——译者注
⑤ Baraka, 34.

际旅行休闲金曲》（*Greatest Hits：Easy Listening for Intergalac-tic Travel*）中的版本。这首歌在网上很容易找到。[①] 它以低 *169*
沉的钢琴旋律开头，仿佛一列沿铁轨行驶的老式蒸汽机车，
其间夹杂着动人的和弦和钹声。许多音符演绎出一个看似
简单的旋律，在火车汽笛声的伴奏下，宣告着"我们漫
游——在太空之路——从一个星球——到另一个星球"。钢
琴的节奏铿锵有力，跳跃的中音十分俏皮，让人情不自禁
地在宇宙铁路之旅中手舞足蹈。紧接着，一阵小号声响起，
警示着人们旅程的起点和终点。

　　渐渐地，拉开始加入密集的和弦，虽然不至于不成调，
但强烈的冲突让人不禁怀疑是不是听错了。突然，一段中
音萨克斯的旋律闯了进来，情感和音域与之前的截然不同，
故意跳过高音，随兴发出颤音，不断调整着旋律。拉的即
兴演奏变得愈发难以预测，随着尖锐刺耳声取代萨克斯，
整个乐曲又回落到钢琴的低音线，柔和的小号声再度响起，
那些舒缓的音符提醒我们正漫游在太空之路，从一个星球
到另一个星球。

　　"高级生命必然使用迥异于地球的和弦进行交流，因为
他们讨论的是截然不同的东西，"拉解释说，"你必须让和
弦碰撞和弦，旋律碰撞旋律，节奏碰撞节奏：只有这样，
才能表达不一样的东西。"[②] 换句话说，音乐**就是**信息。音

---

① Sun Ra, "We Travel the Spaceways," Sun Ra and His Arkestra Greatest Hits, ht-tps：//www. youtube. com/weatch？v = oLn1JVsIShO.

② Ra, cited in Youngquist, *Pure Solar World*, 69 – 70.

乐也是媒介：它将听者从这个无法忍受的世界带入另一个维度，另一个时空，"另一种生存之道"。

因此，拉将他的乐队命名为"宇宙方舟乐团"（Omniverse Arkestra）。在他看来，音乐本身就是那艘船——那个**方舟**——从注定灭亡的世界载着忠诚的幸存者，向"宇宙"中所有可能的新世界扬帆。拉不仅把自己比作诺亚（Noah），有时还调侃说自己是摩西。他指出："天使领以色列人出埃及，为何不能领他人到别处？"①

170　在这里，我们可以体会到拉具有强大的反叙事能力，能够以不同的方式讲述同一个故事。美国的国父们过度依赖《出埃及记》的叙事，但是拉与他们不同。他并不是要带领他的人民摆脱地球上的压迫，进而成为宇宙的压迫者，他从未把金星称为迦南、土星称为锡安（Zion），也从未将银河系比作边疆。而且，显而易见的是，他没有建造过宇宙飞船。相反，他的"宇宙方舟"提供了一种不同类型的星际交通工具，不是为了征服太空之路，而是旨在寻找"另一种生存之道"。宇宙中存在众多的世界，不是让我们去占有。它们在那里是为了接纳我们，教导我们和谐相处。这就是新世界：另一个时空，就在我们身边。

扎根星空

我们可能还记得，美国政治家一贯将太空之旅比作跨

---

① Abraham, *Sun Ra*: *Collected Works*, 1: xxix.

越大洋的旅程。就像"我们"开拓进取的先祖跨越大西洋移民新世界一样，"我们"开拓进取的后代也将勇敢地穿越危险的外太空，在月球、火星以及其他星球上开辟新天地。我们可能也会注意到，这种英雄主义叙事弥漫着强烈的军事色彩：约翰逊和肯尼迪曾警告过选民，控制太空的国家将控制我们的未来，就像控制海洋的国家控制过去一样。最后，我们可能也会发现，这种将宇航员和我们先祖之间所做的类比，完全排除了那些在美洲大陆被掠夺了土地的原住民的先祖，以及那些从非洲被带走的人的先祖。

　　非洲未来主义者揭示了将海洋和太空做类比的险恶用心。殖民者没有像英勇的探险家那样站在船头观望，而是把我们带到地狱般的船舱下面，那里挤满了违背自身意愿被贩卖的人。正如艾顺所说，非洲未来主义者认为，大西洋奴隶贸易与被外星人绑架无异。[1] 来自其他世界的双足生物从天而降，挥舞着西非人从没见过的武器，嘲弄、羞辱他们这些当地的主人，并且强行带走成千上万的人用于研究、奴役和同化。非洲后裔和美洲原住民一样，也知道如何在末日浩劫中存活，并且在其他世界中生存。

　　非洲未来主义作家奥克塔维娅·巴特勒（Octavia Butler）创作了"地球之种"（Earthseed）系列小说，将背景设定在殖民者制造的世界末日时期。该系列的开篇之作《播种者寓言》（*Parable of the Sower*）写于 20 世纪 90 年代初，

171

---

[1]　Eshun, *More Brilliant Than the Sun*, 175.

描绘的故事发生在被称为"半末日时期"的 2024 年。① 由于日益严峻的气候变化、传染病扩散和收入不平等现象，美国正面临着分崩离析的危机。富人居住在高墙环绕的飞地中，墙外到处都是失业的窃贼，他们沉迷于一种将火焰转化为性愉悦的特殊药物。②

家园和社区被纵火犯摧毁后，劳伦·奥雅·奥拉米娜（Lauren Oya Olamina）召集仅存的几位邻居，带领他们一路向北，穿越末日后的加利福尼亚工业荒原，最后在一个名为"橡子"（Acorn）的小型、跨代、多种族社区开始了新生活。在这里，奥拉米娜开始向周围的人介绍她称之为"地球之种"的哲学宗教。"唯一永恒的真理/就是变化，"她教导他们说，"神/即变化。"③ 在这个末日后的宗教体系中，变化是不可避免的事实，但变化的性质并非一成不变。因此，"地球之种"的使命是创造能让他们生存和繁荣的变化。他们这么做，其实就是在创造神。

在《播种者寓言》的续集《天赋寓言》（*Parable of the Talents*）中，一场右翼基督教民族主义运动席卷危机四伏的美国。"基督教美国"党围攻了所有"异教徒"的聚集地，

① 《播种者寓言》是"地球之种"系列的第一部，于 1993 年出版，被认为是巴特勒最重要的作品之一。这部小说设定在 2024 年的未来，黑人女性劳伦·奥雅·奥拉米娜在家园遭到毁灭后，被迫踏上寻找新生存方式的旅途。在此过程中，她创立了一个名为"地球之种"的信仰体系，主张人类的命运是在宇宙中播种生命。——译者注

② "pyro"是一种特殊毒品，会使得观看火焰燃烧的体验变得比性爱还愉悦，从而激发上瘾的人焚烧所有的事物。——译者注

③ Butler, *Parable of the Sower*, 195.

其中就有奥拉米娜坐落于洪堡县（Humboldt County）山里的社区。在接下来的一年里，"橡子"社区的成年人被迫在新的"基督营"里过着奴隶一般的生活，而他们的孩子，包括奥拉米娜还在襁褓之中的女儿拉金（Larkin），则被送往"再教育营"，由美国基督徒收养。①

历经奴役之苦和超乎常人的反抗后，奥拉米娜成功地驱逐了基督徒，双方达成互不干涉和互不报复的协议。她四处搜寻拉金的下落，却被告知有关女儿转移的所有记录均已被销毁。与此同时，奥拉米娜派传教士去转化那些在末日被遗弃的人，让他们准备好迎接"地球之种"的最终"命运"，即"扎根星空"。②

自少女时期开始，奥拉米娜就有一个梦想："地球之种"的人要么变成在炽热星球上"皮肤光滑的恐龙"，要么在广袤的天空中实现他们的"天命"（Destiny 一词始终首字母大写）。天堂在真实的天上。她向一位早期追随者解释说，不是在月球，也不是在火星，而是在"其他星系，有生命的世界"。③ 因此，她在地球上召集信徒，筹集资金，为了让她的人民做好"离开母星庇护"的准备，奔向其他世界。④

通过阿莎·维尔（Asha Vere）的叙述，我们深入了解

172

---

① Butler, *Parable of the Talents*, 222.
② Butler, 84.
③ Butler, 222.
④ Butler, 405.

了"地球之种"所蕴含的宇托邦主义（astrotopianism）。维尔是奥拉米娜的改名换姓的女儿，如今已经长大成人，心中满是怒火。她在不经意间了解了自己的过去，当她最终找到母亲时，完全无法摆脱一个念头：只要奥拉米娜再稍微努力一点，就很有可能找到自己。维尔愤愤不平地说："地球之种才是她的第一个'孩子'，甚至在某种意义上，也是她唯一的'孩子'。"①

失散的女儿曾为母亲的日记添加过一些序言，它们清楚地表明，维尔对"地球之种"的不信任绝不只是源于简单的嫉妒。在得知自己是先知的女儿之前，维尔就对奥拉米娜的宇宙逃避主义非常愤怒，飞向半人马座阿尔法星（Crab Nebula Alpha Centauri）就能解决地球问题？"实话实说，"维尔写道，"关于地球之种，我知道得越多，就越鄙视它。地球上有那么多亟需解决的问题——无数的疾病、饥饿、贫穷和苦难，这个富有的组织却在愚蠢的想法上投入了大量的金钱、时间和精力。荒唐至极！"② 这种批评让我们想起了阿伯纳西和斯科特-赫伦对"阿波罗 11 号"的抗议，贝里对奥尼尔的谴责，以及推特上许多针对贝索斯和马斯克的谩骂：难道他们不能将所有的金钱和智慧都花在地球上吗？这种批评也会让我们想起杰米辛对勒奎恩小说所做的温和的改编，以及拉的空想世界——通过和弦而

---

① Butler, 404.
② Butler, 380.

非氢元素将听众带入另一个世界。

维尔强烈的反对情绪削弱了奥拉米娜的宇托邦主义，173
巴特勒借此向读者呈现了一个巨大的困境。奥拉米娜究竟
是救世主还是企业家？是先知还是逃避现实的艺术家？

81 岁的奥拉米娜在意外离世前，亲眼见证了第一艘太
空飞船载着她的信徒离开地球，飞向她曾承诺过的地方。
随后他们将换乘一艘"在月球和轨道上组装的"巨大星际
飞船，[1] 前往其他恒星系。有的人会在那里落地扎根，有的
人则无法如愿［这有点像《路加福音》（The Gospel of
Luke）中撒种的比喻[2]］。那艘星际飞船叫什么名字？**"克
里斯托弗·哥伦布"**。

"我反对这个名字，"奥拉米娜写道，"这艘飞船并不是
成为富翁和建立帝国的捷径，也与抢掠奴隶和黄金并献给
某位欧洲君主无关。但是我个人的力量有限……名字无关
紧要。"[3]

名字真的无关紧要吗？在维尔看来，尽管奥拉米娜不
愿承认，但是她的弥赛亚梦想与古老帝国的愿景极为相似。
奥拉米娜对（昭昭？）天命的狂热信仰，对**哥伦布**这个名字
的妥协，实际上最能体现她一生中对自我、对逃避主义，

---

① Butler, 404 – 405.
② 《路加福音》的第 8 章里有一个著名的"播种者"比喻。播种者撒出的种
子落在四种不同的地方：路边、石头上、荆棘中和好土里，有的种子生根
发芽，有的种子出于各种原因没有发芽。——译者注
③ Butler, 406.

甚至对征服的妥协。"地球之种"真能建立一个平等、和平的世界吗？或者奥拉米娜像摩西一样，在约旦河这边（地球上）死去，派遣她的人民去征服一个无限的迦南？

或许，巴特勒自己也不确定。她耗费多年撰写"地球之种"系列的最后一部，计划将其命名为《骗子的寓言》（*Parable of the Trickster*），并且把故事设定在一个名叫"彩虹"的系外行星上。但是杰娜·布朗在档案中发现，巴特勒想象不出地球以外的新生活是什么样子，这让她极度沮丧，以至于称这份失败的稿件是"一堆垃圾"。①

在布朗看来，奥拉米娜既信仰天命，又坚信变化，二者之间的矛盾产生了这种困境。如果变化是宇宙中的至高力量，那么就不存在命运这种东西，也没有天选之民所追求的预定命运。系列小说似乎也陷入一种矛盾之中：它们一方面承诺其他世界，另一方面又认为这个世界很重要。就像维尔所写的那样："如果母亲只创立了为流浪者和孤儿提供庇护的橡子社区，……而没有创造地球之种，那么我会认为她完全值得人们敬仰。"② 奥拉米娜知道如何治愈土地，建立社区，鼓舞士气，在难以忍受的环境中创造出美好的事物，但是她为什么要把所有的美好送往太空？

"地球之种"能在银河系中建立起公正和友爱的社区吗？还是它设想的命运与边疆主义、弥赛亚主义、传教和

---

① Brown, *Black Utopias*, 107.

② Butler, *Parable of the Talents*, 63–64.

征服过于密切，以至于无法兑现变化的承诺？开拓者创造的神会把他们变得比"人类"更和平吗？他们还会用古老的、帝国的和主宰的方式创造神吗？对于这些问题，巴特勒的读者也一头雾水。在《天赋寓言》的结尾，奥拉米娜仰望着永远无法触及的星空说："我知道自己做了什么。"我们可以将其解读为胜利的宣言，抑或不祥的预兆，抑或二者兼而有之。无论这个拥有新神的新世界是位于外太空，还是在已经荒废的地球上正在形成，我们的当务之急是，探寻这种真正的变化可能在何处并且以何种方式发生。

想象巨龙

地球的异世界性是指我们所处之地能开启其他时空，这个新兴的主题在杰米辛的《云龙天空》（Cloud Dragon Skies）中以悲剧的方式得以呈现。和"地球之种"寓言系列小说一样，杰米辛的故事同样发生在越来越不适合居住的地球上，"全世界都在向天空排放毒气。森林已经枯竭，全球气候变暖"[1]。一个名为人类军团（Humanicorps）的综合公司在濒危的地球上攫取利润，搞垮了政治秩序。最终，这场灾难导致人类向外太空"大逃亡"。[2] 与巴特勒的"地球之种"或雷·布拉德伯里（Ray Bradbury）的《火星编年

---

[1] Jemisin, "Cloud Dragon Skies," 119.

[2] Jemisin, 118.

史》(*Martian Chronicles*，关于非裔美国人浩浩荡荡逃离地球的故事)① 不同的是，在杰米辛的世界中，离开的是压迫者，留下的是被压迫者。

事情没有那么绝对，杰米辛的作品从来不这样。作品中大多数人物的道德观都很复杂，但是这次大逃亡给每个人都提供了两个选择：要么前往由企业管理的小行星殖民地"环"中，"那里有城市、汽车以及此前所有的生活便利"；要么留在地球上，"一无所有"。②

总的说来，整个故事深入探讨了贝索斯所反对的观点——"定量配给"和"停滞"。大家可能还记得，贝索斯说我们也可以不进行太空殖民和太空采矿，但是谁会愿意过那种能量使用受限和勉强维持生产的"乏味"生活？然而，杰米辛笔下的人物纳哈乌图（Nahautu）却赞同这个主张。她说"多数人选择环"，但是她和父亲以及另一些人选择留在废弃的地球上。就在最后一批富裕的资本家从太空港升空的那一刻，他们之前所有被压制的生活方式卷土重来。佛教、犹太教和原住民先知"站了出来，再次教导人们那些一度被贬斥的生活方式。全球各地的群体不论做何种选择，都一致承诺：过简朴的生活"。③

---

① 雷·布拉德伯里的《火星编年史》于1950年出版，是一部经典的科幻小说集。它由一系列短篇小说组成，每个故事独立存在，共同构建了一个关于人类如何与火星相互作用的整体叙事，涉及了从最初的殖民地建设到人类与火星原住民之间的互动，以及人类与自身的冲突和成长。——译者注

② Jemisin, 118.

③ Jemisin, 118.

因此，在世界末日后，地球唯一的管理法则是：顺其自然，而非与之作对。"我们不能改变世界以适应我们，"纳哈乌图的父亲解释道，"当世界改变时，我们也随之改变。"① 这里颠覆了奥拉米娜"地球之种"的神学体系。地球上的幸存者不再试图掌控变化，而是让变化重塑他们。

最显著的变化莫过于天空的颜色，这甚至超过了所谓先进科技的消失和大部分人的离开。在大逃亡后不久，曾经在土壤和大气中"休眠"的有毒物质苏醒了，以某种新奇的方式重新组合，改变了天空的颜色。② 如今不再有蔚蓝的天空和飘浮的云朵，有的是粉色的天空和盘旋下沉的雾气。纳哈乌图觉得，这些盘旋的雾气看起来像龙：或起保护作用，或具有威胁性，也可能二者兼而有之。

有一天，来自人类军团驻地的一小群殖民者从小行星"环"回到地球，深信自己找到了修复天空的方法。纳哈乌图的父亲坚决反对，因为所有的地球人都做出过承诺，不再对世界进行任何干预，而是接受它给予的一切，并尽力去适应它。然而，这群天外来客对此置若罔闻，向天空发射了一枚导弹以"中和化学物质"。③ 刹那间，蓝色弥漫整个天空，但是没过多久，浓密的雷雨云密布，天空电闪雷鸣，暴怒的云龙向千疮百孔的地球发动了攻击。

虽然纳哈乌图宁愿和其他人一起在地球上死去，但最

176

---

① Jemisin, 120.
② Jemisin, 119.
③ Jemisin, 119.

终还是同意被送到"环"中，在一块仅有 1/4 英里（约 402 米）宽的土地上度过余生。随着时间的流逝，悲伤慢慢淡去，她逐渐适应了这个地方，甚至感到有些舒适。纳哈乌图感慨道："但是后来我抬头仰望。"故事到此结束。她看到了什么？太空无尽的黑暗？高科技的天文观测舱？奥尼尔圆柱体太空舱的环形拱门？无论她头顶上是什么，都不再是曾经的天空。

故事的结局无疑令人沮丧，但提出的问题却引人深思。如果我们认真对待奥尼尔和贝索斯的言论，相信进军太空能治愈地球，情况又会怎样？如果我们坚持不懈地追求这个目标，把那些渴望无限能源、当日达和一次性塑料产品的人送上小行星带，让其他人在地球上过节制、平静的生活，又会怎样？

如果我们在创造其他世界时，没有放逐那些一键式消费者，也不去牺牲小行星带呢？如果喇嘛、拉比、教皇和萨满可以找到某种方式教导我们所有人，无论身在何处都能找到"另一种生存之道"呢？难道这就是我们以不同方式对待地球**和**太空所需要的变革之道？

倾听

2020 年秋，我在 Zoom 平台上开设了一门名为《殖民太空》（Colonizing Space）的研讨课，参与的 18 位学生非常聪明，但也表现出了一些焦虑和疲惫。我们一起阅读了我为本书所写的大部分内容：殖民主义历史、《圣经》遗产、帝国神学、航天政策、太空法、原住民哲学和非洲未来主义世界观。我在极度孤独的状态拼凑出了教学大纲，并不清楚这些关联是否有意义，甚至是否合乎逻辑。

不过，学生们立刻洞察到真相：世俗的弥赛亚，虚伪的人文主义，以及用曾经毁灭世界的方法试图拯救世界。我们只是一群文科生，只能在文字的世界里面面相觑。但在现实的世界里，有一些勇敢的天体物理学家，比如卢西阿尼·沃克维茨、钱达·普雷斯科德-温斯坦（Chanda Prescod-Weinstein）、埃里卡·内斯沃尔德（Erika Nesvold）和帕尔瓦蒂·普雷姆（Parvathy Prem），他们发表 TED 演讲，主持"非正式会议"，制作播客，在推特上掀起风暴，从而引起人们对愈加危险的新太空的关注，但是在航天科学领域之外，很少有人在意这些。

在我看来，这股反太空殖民主义的浪潮终于在 2020 年10 月进入了公众视野。当时美国的公平性、多样性和包容性工作组（向 NASA、国家科学基金会和其他政府机构提供建议）发布了《2023—2032 年行星科学和天体生物学十年报告》（Planetary Science and Astrobiology Decadal Survey for 2023—2032）的白皮书。并非美国选民阅读十年报告的习惯让他们突然觉醒，以至于开始关注太空正义问题；而是这份报告，或者说是出版它的日益壮大的联盟，最终引起了大量记者的注意。他们纷纷在《大西洋月刊》《纽约客》《新共和》《页岩》（Slate）杂志，新闻评论网站"沃克斯"

（Vox），甚至 Space. com 上发表文章，揭露太空殖民主义的危险性。于是，我决定放弃当天原定的教学内容，在 Zoom 的大学课堂上和同学们共同研读这篇白皮书。

在这篇信息密集的报告中，NASA 的宣传专家弗兰克·塔瓦雷斯（Frank Tavares）和多位共同作者指出，以资本主义—殖民主义的方式对待太空是极其错误的，甚至也非常危险。他们提醒政府机构，将天体商品化的做法会污染太阳系的环境，导致太空中恶劣的工作条件，加剧地球上的不平等。他们警告说，没有监管的资源开采可能会永久改变这些天体，冒犯某些人的审美情感和宗教信仰。他们还揭示了公共和私人宇托邦的沙文主义（chauvinism）本质，构想出一个以年轻、富裕、健壮、异性生殖、白人为主导的社区。他们谴责说，私人太空探索者由于缺乏监管，一些做法会让航天大国忧心忡忡。他们还批评《外层空间条约》"毫无约束力，早已过时"，完全不适用于"当今太空产业的现状"。①

面对这一系列问题，作者们提出一个谦卑的建议。他们呼吁各国及国际行星保护机构，收集关于当前太空优先事项的"社区意见"。② 换言之，他们建议这些机构向公众告知当前的行动（月球前哨站、月球矿山、小行星矿山、火星任务），**并且倾听来自公众的意见**。显而易见，最困难

① Tavares et al. , "Ethical Exploration," 6.
② Tavares et al. , 1.

的是第二步。NASA 为了解释阿尔忒弥斯计划，制作过一些引人入胜、扣人心弦的动画视频，但是公众始终没有机会询问被精心处理过的细节，更不用说表达担忧或提出异议了。

"意见"，这些作者建议说，不只是单向地输出，不只是一味地宣传，而是倾听大家的心声！我们虽然不是专家，但每个人都有自己的见解和智慧。我们可能不是火箭科学家，但我们了解他们所依赖的体制。我们清楚能源产业对水资源、航天产业对天空、太空产业对山脉的影响。我们知道跨国公司并不重视员工的健康；看似繁荣的钛经济不能填饱饥民的肚子，无法维持穷人的生计，不能给人们提供医疗保障。我们知道，从太空中一滴滴流下来的，很可能只是更多的污染。

179

与此同时，我们知道还有其他的方法可以解决问题。我们中的一些人能用星星导航，一些人能恢复生态系统的平衡，还有一些人能在不破坏土地的前提下进行研究和开发。我们知道要传授给孩子们的价值观——比如分享、谦和、倾听、只取所需以及为自己的行为负责，但市场的压力迫使他们像自己的父母那样，不得不做出必要的妥协。那些航空机构准备倾听我们的意见吗？他们准备好接受太空中有祖先、山中有庙宇、行星上有创造主了吗？如果"社区意见"反对他们对月球进行水力压裂，那么他们是否愿意"调整［他们的］行动和计划"？①

---

① Tavares et al., 5.

塔瓦雷斯及其合作者们认为，这种调整并不意味着终止太空探索计划，或暂停对知识的追求，而是学会以全新的方式与宇宙中的土地相处和从事科学研究。他们建议：

> 在原住民的知识中，存在一种替代性的方法［替代开发和商品化］。这种知识世代相传，具有跨学科的特点，在可持续的实践中得以体现……在这样的框架下，科学并非"在土地上"或者是"对土地"所做的，而是有意识地与土地建立关系，并且始终保持敬意。①

建立关系、有意识地行动并且保持敬意，这些是"传统生态知识"的特征，这种知识更重视关爱与倾听的价值。

根据特林吉特族（Tlingit）人类学家凯尔·瓦克（Kyle Wark）的观点，传统生态知识的理论模型首先阐述的是人类和非人类生物在特定环境中的关系（这些生物可能是我们的亲属，甚至是转世的祖先），揭示环境中相互依存的生物之间的相互责任。瓦克写道："人类是大地不可或缺的一部分，我们为它提供滋养，同时也会得到来自它的滋养。"②

传统生态知识主张倾听多物种世界的声音，以便从中学习智慧，或许这是西方机构最难以理解的地方。植物知道利用阳光制造食物；蘑菇懂得如何在树木之间传递信息；

180

---

① Tavares et al. , 5.

② Wark, "Wis2dom," 103.

黑雁无需 GPS 就能从加拿大飞到北卡罗来纳；我的猫只有六磅（约 2.7 千克）重，曾经在没有人类住所和工厂食物的户外生存了三个月（我恐怕只能坚持一天半）。正因如此，波塔瓦托米族（Potawatomi）生物学家罗宾·沃尔·金梅尔（Robin Wall Kimmerer）指出："在原住民的认知方式中，人类通常被视为'天地万物的晚辈'。因为人类的生存经验最少，需要学习的东西最多。我们必须将其他物种视为老师，寻求它们的指导。"① 如果我们对待太空的方式是基于亲情、照料和倾听，而非征服、战争和利润，一切又会如何？

火星协会主席祖布林对此并不认同。他在《国家评论》（*National Review*）发表了一篇名为《觉醒主义者攻击太空探索》（Wokeists Assault Space Exploration）的评论文章，讥讽白皮书的作者以牺牲人类进步为代价捍卫"无生命的岩石"的权利。② 对于祖布林来说，似乎只有两个选项：要么开采、商业化和地球化，要么终止太空计划。既然"觉醒主义者"反对前者，那么他们肯定支持后者。

然而，事实并非如此绝对。这群天体物理学家和社会科学家无一例外地热爱太空，渴望尽可能多地去了解它。其中的一些人甚至梦想有朝一日能前往太空，只是他们不想在这个过程中对它造成破坏。因此，这些作者并不是要

---

① Kimmerer, *Braiding Sweetgrass*, 9.
② Zubrin, "Wokeists Assault Space Exploration."

求我们终止太空探索，而是希望我们采用不同的方式，给予更多的尊重、关心和倾听。

在祖布林看来，这些价值观简直是无稽之谈。他愤怒地指出，这篇白皮书毫无科学依据，没有任何价值，只不过是"古老的泛神论神秘主义和后现代社会思想"的结合。

当人们用谩骂的方式表达观点时，我们很难弄清他们在说什么。这些谩骂者没有任何论据，不假思索地用恶言恶语否定对方的立场，好像根本不值得思考。但是请让我解释一下祖布林的说法。

我认为祖布林所说的"后现代社会思想"，指的是作者们所拥有的视角主义（perspectivism）。这种观点认为，视角没有优劣之分，一个人眼中"死寂的岩石"可能是另一个人眼中庄严的圣山。然而，当祖布林将白皮书称为"古老的泛神论神秘主义"时，就是在贬低不同的视角。在他看来，任何被打上"古老"标签的知识都是过时的，而且无关紧要；将自然万物奉为神的"泛神论"荒谬至极；崇尚个人精神与神或宇宙统一的"神秘主义"完全是浪费时间。祖布林坚称："作为理解自然界的方法论，神秘主义早已被西方的理性主义所取代。"

他也没错！至少在西方，一种自诩为理性的思维模式篡夺了传统精神实践和宗教认识的地位。然而，我在本书中已经指出，这种理性主义保留甚至放大了宗教教义中最具破坏性的因素，并且与原本的宗教背景分离，将自己伪装成普世的真理。与此同时，我们的原住民智者、土星音乐家、黑人反乌托邦主义者、科学异端者以及三大基督教派的领袖都在呼吁：我们必须放弃占领整个宇宙的企图。

　　谁知道呢？也许古老的泛神论神秘主义正是我们所需要的。

结　语

泛神论者的反抗

在我的民族看来，这里的每一寸土地都是
神圣的。

——酋长西雅图

2020 年疫情封控四个月后，我驱车带着三岁的以利亚去看他的祖父母，只为透透气，逃离那令人窒息的家。（当然，我们原本并无此计划，但是家里有两个孩童需要照顾，我和丈夫还要兼顾工作，实在别无选择。）车载广播正放着麦当娜的歌，我很可能也在跟着唱。"我闭上双眼/神啊，我觉得我在坠落。"

"神？"坐在安全座椅上的以利亚问道，"神是谁？"

我瞬间思绪翻涌。我从来没跟他说起过神吧？我可能连这个词都没用过？我该如何向一个三岁孩子解释这个历经沧桑、文化差异巨大的概念？我应该告诉他这首歌里的神，还是和他解释《圣经》里的神？《圣经》**哪一部分中的神呢？**

不过，在他问问题的瞬间，我的答案便脱口而出，我几乎不假思索地回答道："神是构成这个世界的一切。"

"好吧，"以利亚说，"我不**喜欢**神。"

我忍不住笑着说："你可没有多少选择！"

"好——好——好吧，"他妥协了，"我会喜欢神的。"

那时我刚写完了一本关于泛神论的书。泛神论认为，

184 世界本身就是神①，这个教义在东方、原住民以及西方传统中都有所体现，但是西方哲学家往往**嗤之以鼻**，指责它天真、幼稚、原始、毫无逻辑。

在西方的哲学和神学中，"神"常被描绘成超然于世界的形象，具有人形、一元性、无实体性、全知全能等属性。尽管一神论者认为神超越了性别，但是在称呼神的时候仍然使用"他"。另外，在西方观念中，"世界"是神所有属性的对立面：多元性、物质性、动物性、植物性、矿物性、有限性等等。这个"世界"显然也超越了性别，但是西方人更倾向于将其与女性联系起来，比如称地球为"母亲"（mother），宇宙为"母体"（matrix，在拉丁语中和"mother"是同一个词）。因此，将"神"等同于"世界"的观念让西方哲学家困惑不已。信徒们认为，将神"简单地"等同于世界是对神的亵渎；而无神论者认为，用神性来赞美世界是在侮辱他们的智商。

不过，许多非西方哲学家对此并不介意。他们可能会在神的一元性或多元性问题上有所分歧，或者更喜欢讨论精神和人而非神。但是对于大多数非西方人来说，**宇宙本身作为创造、毁灭和重生之源**的观念，并没有特别让人反感之处。

我甚至发现，除了那些极端保守或狂热的无神论者以及哲学或宗教学博士，大多数西方人都不会对这一观念感

---

① Rubenstein, *Pantheologies*.

到困扰。每当我在读书俱乐部和教会团体谈论泛神论时，总会有各种年龄、种族和性别的"迷途之人"留下来交流，坦诚地表示他们一直觉得自己有点像泛神论者。虽然我很感激他们说出这种思想共鸣，但我通常不会以个人认同的方式给予回应。当有人问我是不是泛神论者时，我会说："我也不确定，但我认为这是一种强大的思想。"它之所以强大，是因为如果将世界及其生物和形态视为神圣的，那么我们可能更愿意尊重和关爱它们，我在讨论宇托邦主义者时提到过这一点。但是我真的**信仰**泛神论吗？"哦，我还真不知道，"在我看来，"重要的是行动，而不是信仰。"

一个三岁的孩子突然问我"神是谁"，让我有些猝不及防。他的弟弟以斯拉让我连续几个月睡不好觉，我完全没有精力去做长篇大论，或者准备各种搪塞的说辞。再说，无论我说什么，他也不会满意。既然以利亚想要一个答案，我就尽量简洁明了，同时也让我自己能够接受。

我不会告诉他神是天上的一个老头儿，也不会说神是人们虚构出来的角色，更不会说神是宇宙背后的那股"伟大力量"。相反，我会从小的事物着手。当我说"构成这个世界的一切"时，我指的是微生物、矿物质、电流、磁力、引力、排斥力、动物和植物等等，它们创造、维持、毁灭世间万物，让一切循环往复，生生不息。据我所见，虽然这些微观创造者没有汇聚成一个庞大的统一体，但也绝不是相互孤立的存在，而是彼此之间相互作用，从而完成创造、毁灭和重塑世界的过程。创造、毁灭和重塑世界，正

185

是我们所认为的神的工作。因此，泛神论的"神"意味着：世间万物是自身的创造者和毁灭者。

我坚持我一贯的观点：无论是什么形式的泛神论，其"真实性"并不重要，重要的是它们的神话如何促使我们与所处的世界互动——我们的每个行动都在塑造和改变世界。坦率地说，有些神话确实比另一些更能激励我们采取有益的行动。

我在前面指出，帝国基督教最致命的遗留问题之一，便是导致了人类对其他生物的"统治"。帝国基督教通过对《创世记》前几章的曲解，塑造了一个等级森严的宇宙体系：基督徒高于非基督徒，男性高于女性，人类高于动物，动物高于植物，而石头仅仅是石头。我们西方人将自己与其他造物区别开来，榨取从地球上所能获得的一切，仿佛我们并非正在遭受毁灭的地球的一部分，仿佛我们并非地球创造的生命。但是我也提到过，人类还有无数其他版本的故事。

我最喜欢的一个版本是夏延人（Cheyenne）的创世神话。在这个故事中，创造者需要别人的协助才能完成创世工作。全灵神马赫奥（Maheo）创造了水、光以及水里和天上的生物，然后需要这些创造物共同参与他的创世工作。在一只筋疲力尽、无处安身的潜鸟的请求下，马赫奥联手水生生物创造了干燥的陆地，以及包括人类在内的陆生生物。

根据普韦布洛（Pueblo）学者保拉·冈恩·艾伦

（Paula Gunn Allen）的说法，这个故事展现的是一位权力受限的神，强调的是倾听与合作的价值观，而非单方面的发号施令。① 它表明人类并非万物的主宰，而是由动物创造出来的。广大原住民的知识宝藏浩如烟海，却长期为西方理性思维嗤之以鼻，而这则神话只是其中的沧海一粟。它所倡导的生存哲学只是无数不同的生存方式之一，正如杰米辛提醒的那样，**还有其他选择**。

*　*　*

在勒奎恩的短篇小说《牛顿的沉睡》（Newton's Sleep）中，开篇就呈现了地球濒临末日的情景，让我们逐渐对这种痛苦的景象习以为常。战争、气候灾难和"真菌瘟疫"让地球变得无法居住，一些人搬到了"穹顶城"（dometown），另一些人则寻找离开地球的方法。后者中一部分人在一位年迈先知的指导下，在旋转的太空圆柱体里构建了一个全然理性的新社会。这位奥尼尔或贝索斯式的救世主因年龄太大，无法满足自己设定的移民标准。他创造的社会被称为"特殊地球卫星"（Special Earth Satellite），简称SPES（这个词的发音听起来像"space"，在拉丁语中意为"希望"）。

故事围绕以撒·罗斯（Isaac Rose）一家展开。以撒是

---

① Allen, *The Sacred Hoop*, 60.

社区的领导者之一，是一个狂热的理性主义者，大家亲切地叫他"艾克"（Ike）。艾克的内心独白让我们了解到，渴望成为殖民者的人要进行严格的选拔考试。最终，800 名平均智商达到 165 的人脱颖而出。在这些智力超群的人中，每个人都说英语，几乎每一名女性都正值生育年龄，包括艾克及其家人在内共有 17 个犹太人，还有一些亚洲人，但没有黑人。艾克为此辩解道："在一个仅有 800 人的封闭社区中，每个人都必须达到基因和智力上的标准。而且，在联邦重组期间，由于公共教育系统崩溃，黑人没有受到良好的训练……他们当然是好人，但这还不够。"①

社区里没有老年人和残疾人，有色人种也是屈指可数。唯一的例外是艾克的女儿以斯帖（Esther），她的视力在一天天衰退，艾克打算等她成年后帮她修复视力。不仅如此，这里除了人类以外，没有任何其他生物。没有狗、猫、昆虫，连一棵室内植物都没有，因为这些都可能携带足以毁灭整个殖民地的病毒。可以想象，社区肯定找到了获取食物的办法，可能是在无菌的实验室里制造的冻干食品。总之，SPES 是一个由乙烯基、塑料和钢材打造的建筑，外表闪闪发光，无尘无菌，全年气候温暖、阳光明媚，为身体健康、才智出众、情绪稳定的先驱者提供完美的居住环境。

这个殖民地与地球家园之间保留着微弱的联系：他们通过"全息视频"监视器探查地球的动态，学习关于地球

---

① Le Guin, "Newton's Sleep," 35.

187

历史和科学的课程，甚至把地球上的"风景"投影在公寓墙壁上，展示山脉、花园、海洋与天空（艾克家住在"佛蒙特"）。在殖民地的领导者中，艾克最为理智，他深深地担忧对地球的残余回忆会阻碍殖民地居民的全面启蒙，把他们拉回原始的世界。因此，当妻子苏珊透露反犹太主义在一些同事间不断升级时，艾克将其归咎于地球。"神啊！"他感叹道（这里完全是严格的感叹词，艾克其实是个坚定的无神论者），"我们可以隔绝所有病毒、细菌和孢子，但是这——这种观念竟然能闯进来？……我告诉你，苏珊，我认为应该切断那些监视器。孩子们从地球上看到和听到的一切都是暴力、偏见和迷信。"[1]

然而，殖民者越是试图遗忘地球，地球越是固执地出现。当一个委员会建议教师取消地质学课程时（在 SPES 上谁又需要了解岩石呢？），殖民地的居民开始遭遇一些不合常理的奇异现象。起初，一些孩子看到了一位白色眼睛、"全身烧伤"的老妇人。[2] 就在男人们讥讽孩子们像马萨诸塞州塞勒姆（Salem, Massachusetts）"歇斯底里的小女巫"[3]时，他们的妻子却看到一群黑人闯入房间又消失得无影无

188

---

① Le Guin, 32.

② Le Guin, 34.

③ 1692 年，马萨诸塞州的塞勒姆镇发生了一场大规模的女巫审判，大量无辜女性被指控为女巫，许多人被判有罪并被处以死刑。在审判时，一些年轻的女孩表现出尖叫和抽搐等异常的行为，被认为是被女巫诅咒或附身。——译者注

踪。① 男人们一直认为，这些不过是"集体幻觉"，直到他们自己也开始看到大批患病的人、洗衣服的人和穿着动物皮毛的人。金鱼从浴室的水龙头里流出来，野牛和野马在崭新的大厅里奔跑，鲸鱼在人造的海洋中游动，然而顽固的理性主义者艾克却什么也看不见，直到最后他被一块石头绊倒了。②

随着幻觉频繁出现，每个人都对正在发生的事情做出了不同的解释。有人认为，这些幻象是社区罪责的视觉呈现——或许是因为他们抛弃了饱受苦难的地球而产生的愧疚。③ 有人则称这些幻象为"鬼魂"，是那些被虐待的生物无法安宁的灵魂。"一切都在倒退，爸爸。"④ 艾克的儿子诺亚说道（他和家人都是用《希伯来圣经》中参与立约的人物来命名的）。首先，殖民者看到那些逊于自己的人类：老人、病人、黑人。然后，他们看到了动物，接着是植物，最后是绊倒艾克的那块"满是坑洞和裂纹"，被"黄色地衣"覆盖的石头。⑤ 整个西方的生物等级体系入侵了领主们辉煌的乌托邦世界。

然而，在艾克的妻子苏珊看来，这根本不是什么入侵，纯粹是殖民者生活状态的外在表现。"人类"毕竟不完全是

---

① Le Guin, 35, 42 – 43.

② Le Guin, 53.

③ Le Guin, 45.

④ Le Guin, 49.

⑤ Le Guin, 53.

人类。我们身体中 90% 是细菌，我们是由植物、矿物、阳光和星尘组成的动物。我们不仅存在于地球上，我们还是地球的**一部分**，与我们自认为统治着的一切事物共存。"我们怎么做的？凭什么认为我们可以轻易离开？"苏珊问道，"我们以为自己是谁？我们所做的一切不过是**将自己带到了这里**……还有马、鲸鱼、老妇人以及生病的孩子。他们就是我们，我们也是他们，他们就在这里。"①

189

＊　　＊　　＊

　　我们应该探索外太空吗？答案无疑是肯定的，但前提是我们要找到一种方式：在研究外太空的同时，避免对它和我们的生态系统造成破坏，防止人类之间的暴力升级，并且能够约束私欲的膨胀，让知识高于利润，合作优于竞争。我们是否应该在那里居住？坦诚地说，我也不确定。但是不管怎样，我们都不能再自欺欺人，以为逃离地球可以解决所有的问题。正如勒奎恩笔下的 SPES 成员所认识到的那样，无论我们前往何处，一切问题都会如影随行。

　　恰恰是这种如影随形，才有可能真正解决问题。倘若那些航天机构和企业能耐心地倾听原住民、非洲未来主义者、女性主义者以及环保主义群体所倡导的"泛神论神秘主义"，留意一神论中更为超验的神秘主义，他们或许能明

---

① 　Le Guin, 51, 着重强调。

· **279** ·

白，"人类"的命运与地球上其他生物的命运息息相关。富人不能抛弃我们，让我们独自承受末日浩劫，因为终有一天，我们将与云龙、其他物种、愤怒的神祇和神圣的石头一起归来，摧毁他们崭新的太空商场。引领我们度过末日浩劫的可能正是这些事物，正是构成这个世界的一切。

致　谢

本书得到巴里·切尔诺夫（Barry Chernoff）担任院长的卫斯理大学环境学院（Wesleyan University's College of the Environment）的资助。感谢老友大卫·格林斯普恩（David Grinspoon）、玛莎·吉尔莫（Martha Gilmore）和维多利亚·斯莫尔金（Victoria Smolkin），以及环境学院的同仁海伦·普洛斯（Helen Poulos）、安东尼奥·马查多-艾里森（Antonio Machado-Allison）和艾莉森·桑托斯（Alison Santos），若是没有他们的帮助和支持，本书显然是无法完成的。感谢2020年和2021年参与我课程"殖民太空"的学生，如果没有他们，我的创作必然缺少许多乐趣。

感谢梅雷迪斯·休斯（Meredith Hughes）、塞斯·雷德菲尔德（Seth Redfield）、卢西阿尼·沃克维茨（Lucianne Walkowicz）、钱达·普雷斯科德-温斯坦（Chanda Prescod-Weinstein）、英格丽德·拉夫勒（Ingrid LaFleur）、弗兰克·塔瓦雷斯（Frank Tavares）和帕尔瓦蒂·普雷姆（Parvathy Prem），带我进入小众而蓬勃的天体物理学和社会正义研究领域。感谢乔恩·克拉维斯（Jon Kravis）、布伦丹·科恩（Brendan Cohen）、米歇尔·马洛尼（Michelle Maloney），特别是蒂米比·阿加纳巴（Timiebi Aganaba），为我探索复杂的太空法领域提供帮助。书中关于原住民本体论、神话和政治方面的知识，得到了卡那卡·毛利（Kanaka Maoli）的无私帮助。在此，我还要向纳瓦霍族的阿尔文·唐内尔·哈维（Alvin Donel Harvey）表达谢意。

我此前的学生海伦·汉德尔曼（Helen Handelman）撰写过一篇关于"月球幻想与地球优势"的优秀毕业论文，让我首次对宗教和阿波罗计划的遗留问题产生了兴趣。堂兄帕特里克·瓜里格利亚（Patrick Guariglia）让我对科技人员在外太空的活动有了更深入的理解。斯科特·门德尔（Scott Mendel）协助我制定了本书的初步大纲。洛瑞·格鲁恩（Lori Gruen）在出版流程方面为我提供过宝贵的建议。威廉·罗伯特（William Robert）帮我修改了研究计划。凯蒂·洛夫顿（Katie Lofton）、杰夫·克里帕尔（Jeff Kripal）、史蒂夫·拉鲁（Steve LaRue）以及一位匿名的读者帮我润色了文稿。在本书的撰写过程中，凯尔·瓦格纳（Kyle Wagner）一直给予我鼓励和关心。感谢谢里·杜尔辛（Sheri Dursin）、肯达尔·霍布斯（Kendall Hobbs）和凯特·沃尔夫（Kate Wolfe）等行政部门和图书馆的同事，主动帮我检索、扫描大量我难以接触到的资料。感谢弗朗西斯卡·贝尔德（Francesca Baird）和玛丽简·塞鲁蒂（Marijane Ceruti）运用神奇的数字技术为我处理图像文件。加布里埃尔·乌尔比纳（Gabriel Urbina）和我弟弟基南·鲁宾斯坦（Kenan Rubenstein）帮我解决了一些声音方面的难题，鲁宾斯坦还帮我厘清了一些复杂的概念。

192

温菲尔德·古德温（Winfield Goodwin）孜孜不倦，无可比拟，一丝不苟地审阅了整个文稿。尤利·普拉斯（Uli Plass）阅读过所有章节，并对资本的乌托邦式运作提供了宝贵的见解。就本书而言，没有比我母亲维罗妮卡·沃伦（Veronica Warren）更热忱的试读者，没有比西蒙娜·科特娃（Simone Kotva）更严苛的批评者，没有比凯瑟琳·凯勒（Catherine Keller）更称职的支持者。在本书的创作过程中，我的爱人希贾·托马斯（Sheeja Thomas）表现出了极大的理解和耐心，当然还有我们的两个孩子，虽然我在书中改变了他们的名字，但他们能认出自己。愿他们苗壮成长，认清自己身在**何处**，知道我们可能正在创造什么样的世界。

参考文献

Abraham, Adam, ed. *Sun Ra: Collected Works*. Vol. 1, *Immeasurable Equation*. Chandler, AZ: Phaelos, 2005.

Adebola, Olufunke, and Simon Adebola. "Roadmap for Integrated Space Applications in Africa. "*New Space* 9, no. 1 (2021): 12 – 18.

Aganaba, Timiebi. "Innovative Instruments for Space Governance. " Center for International Governance Innovation, February 8, 2021. https: //www. cigionline. org/articles/innovative-instruments-space-governance/.

Alexander VI. *Inter caetera*. May 4, 1493. *Papal Encyclicals Online*. https: //www. papalencyclicals. net /category/alex 06.

Allen, Paula Gunn. *The Sacred Hoop: Recovering the Feminine in American Indian Traditions*. Boston: Beacon Press, 1992.

Andersen, Ross. "Exodus. "*Aeon*, September 30, 2014. https: // aeon. co/essays/elon-musk-puts-his-case-for-a-multi-planet-civilisation.

Andrews, Robin George. "NASA Just Broke the ' Venus Curse' : Here's What It Took. "*Scientific American*, June 2, 2021. https: //www. scientificamerican. com/article/nasa-just-brokethe-venus-curse-heres-what-it-took/.

"Annexation. "*Democratic Review* 17 (July 1845): 5.

Armus, Teo. "Trump's ' Manifest Destiny' in Space Revives Old Phrase to Provocative Effect. "*Washington Post*, February 5, 2020. https://www. washingtonpost. com/nation/2020/02/05/ trumps-manifest-destiny-space-revives-old-phrase-provocative-effect/.

Australian Earth Laws Alliance. "Declaration of the Rights of the Moon. " February 11, 2021. https://www. earthlaws. org. au/ moon-declaration/.

Baraka, Amiri, ed. *This Planet Is Doomed: The Science Fiction Poetry of Sun Ra.* New York: Kicks Books, 2011.

Bartels, Meghan. "Should We Colonize Space? Some People Argue We Need to Decolonize It Instead. "*Newsweek*, May 25, 2018. https://www. newsweek. com/should-we-colonize-space-some-people-argue-we-need-decolonize-it-instead-945130.

Bauman, Whitney. "*Creatio Ex Nihilo, Terra Nullius,* and the Erasure of Presence. " In *Ecospirit: Religions and Philosophies for the Earth*, edited by Laurel Kearns and Catherine Keller, 353 – 372. New York: Fordham University Press, 2007.

Bawaka Country. "Dukarr Lakarama: Listening to Guwak, Talking Back to Space Colonization. " *Political Geography* 81 (August 2020). https://www. sciencedirect. com/science/article/ pii/S0962629818304086.

Beers, David. "Selling the American Space Dream: The Cosmic Delusions of Elon Musk and Wernher Von Braun. " *New Republic*, December 7, 2020. https: //newrepublic. com/article/160268/selling-american-space-dream.

Berry, Thomas. "Rights of the Earth. "*Resurgence* 214 (September/October 2002) : 28 – 29.

Bezos, Jeff. "Going to Space to Benefit Earth. " Blue Origin, May 10, 2019. https: //www. youtube. com/watch? v = GQ98h GUe6FM&t = 203 s.

——. "Open Letter to Administrator Nelson. " Blue Origin, July 26, 2021. https: //www. blueorigin. com/news/open-letter-to-administrator-nelson.

Bird-David, Nurit. "' Animism' Revisited: Personhood, Environment, and Relational Epistemology. " In "Culture: A Second Chance?" Supplement, *Current Anthropology* 40, no. S1 (February 1999) : S67 – S91.

Bonhoeffer, Dietrich. *Dietrich Bonhoeffer Works*. Vol. 8, *Letters and Papers from Prison*. Translated by Isabel Best, Lisa E. Dahill, Reinhard Krauss, Nancy Lukens, Barbara Rumscheidt, and Martin Rumscheidt. Edited by Eberhard Bethge, Ernst Feil, Christian Gremmels, Wolfgang Huber, Hans Pfeifer, Albrecht Schönherr, Heinz Eduard Tödt, and Ilse Tödt. Minneapolis, MN: Augsburg Fortress Press, 2010.

Bostrom, Nick. "Are We Living in a Computer Simulation?"*Phil-*

osophical Quarterly 53, no. 211 (April, 2003): 243 –255.

Brand, Stewart, ed. *Space Colonies.* New York: Penguin, 1977.

Braun, Wernher von. "Crossing the Last Frontier. "*Collier's*, March 22, 1952.

Brown, Jayna. *Black Utopias: Speculative Life and the Music of Other Worlds.* Durham, NC: Duke University Press, 2021.

Brown, Peter. "Pagan. " In *Late Antiquity: A Guide to the Post-classical World*, edited by G. W. Bowersock, P. R. L. Brown, and O. Grabar. Cambridge, MA: Harvard University Press, 1999.

Butler, Octavia E. *Parable of the Sower.* New York: Grand Central Publishing, 2000. First published 1993 by Four Walls, Eight Windows (New York).

——. *Parable of the Talents.* New York: Grand Central Publishing, 2000. First published 1998 by Seven Stories Press (New York).

Cao, Sisi. "Jeff Bezos Thinks He's Winning the ' Billionaire Space Race. ' "*Observer*, February 25, 2019. https: //observer. com/2019/02/amazon-jeff-bezos-blue-origin-space-race/.

CBS News. "Live TV Transmission from Apollo 8. " December 24, 1968. https: //www. youtube. com/watch?v = 1aIf0G2PtH o&t =435s.

Cherry, Conrad, ed. *God's New Israel: Religious Interpretations of American Destiny.* Rev. and expanded ed. Chapel Hill: University of North Carolina Press, 1998.

Chief Seattle. "Oration (1854) . " *In God's New Israel: Religious Interpretations of American Destiny*, edited by Conrad Cherry, 135 – 136. Chapel Hill: University of North Carolina, 1998.

Cohen, Brendan. "So You Want to Buy a Space Company?" *International Institute of Space Law* 2 (2018) , https: // www. elevenjournals. com/ tijdschrift/ iisl/ 2018/ 2% 20Financing% 20Space: % 20Procurement, % 20Competition % 20and% 20Regulatory% 20 Approach/ISL_2018_061_002_004.

Cohen, Joel E. , and David Tilman. "Biosphere 2 and Biodiversity: The Lessons So Far. " *Science* 274, no. 5290 (November 15, 1996) : 1150 – 1151.

Cornum, Lou. "The Creation Story Is a Spaceship: Indigenous Futurism and Decolonial Deep Space. " Westar Institute, Fall 2019 National Meeting, November 22 – 26, San Diego, California. https: //www. westarinstitute. org/fall-2019-national-meeting/.

Council of Castile. "Requerimiento. " 1510. National Humanities Center Resource Toolbox, *American Beginnings: The European Presence in North America*, 1492 – 1690. https: //nationalhumanitiescenter. org/pds/amerbegin/contact/text7/requirement. pdf.

Country, Bawaka. "Dukarr Lakarama: Listening to Guwak, Talking Back to Space Colonization. " *Political Geography* 81 (August, 2020) . https: //www. sciencedirect. com/science/article/pii/S0962629818304086.

Cuthbertson, Anthony. "Elon Musk's SpaceX Will ' Make Its Own Laws on Mars. ' " *Independent*, October 28, 2020. https://www. independent. co. uk/life-style/gadgets-and-tech/elon-musk-spacex-mars-laws-starlink-b1396023. html.

Davenport, Christian. *The Space Barons: Elon Musk, Jeff Bezos, and the Quest to Colonize the Cosmos.* New York: PublicAffairs, 2019.

Day, Dwayne A. "Paradigm Lost. "*Space Policy* 11, no. 3 (1995): 153 – 159.

de Las Casas, Bartolomé. *History of the Indies* (1561). New York: Harper and Row, 1971.

Dery, Mark. "Black to the Future: Interviews with Samuel R. Delany, Greg Tate, and Tricia Rose. " In *Flame Wars: The Discourse of Cyberculture*, edited by Mark Dery, 179 – 222. Durham, NC: Duke University Press, 1994.

Dillon, Grace L. "Imagining Indigenous Futurisms. " In *Walking the Clouds: An Anthology of Indigenous Science Fiction*, edited by Grace L. Dillon, 1 – 12. Tucson: University of Arizona Press, 2012.

Donaldson, Laura E. "Joshua in America: On Cowboys, Canaanites, and Indians. " In *The Calling of the Nations: Exegesis, Ethnography, and Empire in a Biblical-Historic Present*, edited by Mark Vessey, Sharon V. Betcher, Robert A. Daum, and

Harry O. Maier, 272 – 290. Toronto: University of Toronto Press, 2011.

Döpfner, Mathias. "Jeff Bezos Reveals What It's Like to Build an Empire. " *Insider*, April 28, 2018. https://www. businessinsider. com/jeff-bezos-interview-axel-springer-ceo-amazon-trump-blue-origin-family-regulation-washington-post-2018 – 4.

Dovey, Ceridwen. "Mining the Moon. "*The Monthly*, July 2019. https://www. themonthly. com. au/issue/2019/july/1561989600/ ceridwen-dovey/mining-moon.

Ecumenical Patriarch Bartholomew, Pope Francis, and the Archbishop of Canterbury. "A Joint Message for the Protection of Creation. " September 1, 2021, https://www. archbishopofcanterbury. org/sites/abc/files/2021 – 09/Joint%20Statement %20on%20the%20Environment. pdf.

Edwards, Jonathan. "The Latter-Day Glory Is Probably to Begin in America (1830) . " In *God's New Israel: Religious Interpretations of American Destiny*, edited by Conrad Cherry, 54 – 58. Chapel Hill: University of North Carolina Press, 1998.

Eisenhower, Dwight D. "Statement by the President. " In *NASA's Origins and the Dawn of the Space Age.* Washington, DC: NASA Historical Reference Collection, NASA History Office, NASA Headquarters, 1958.

Eliade, Mircea. *The Myth of the Eternal Return: Cosmos and History.* Translated by Willard R. Trask. Princeton, NJ: Princeton

University Press, 2005.

Erickson, Jacob J. "' I Worship Jesus, Not Mother Earth' : Exceptionalism and the Paris Withdrawal. "*Religion Dispatches*, June 2, 2017. http: //religiondispatches. org/i-worship-jesus-not-mother-earth-american-christian-exceptionalism-and-the-paris-withdrawal/.

Erwin, Sandra. "Space Force Sees Need for Civilian Agency to Manage Congestion. " *Space News*, April 26, 2021.

Eshun, Kodwo. "Further Considerations on Afrofuturism. "*Centennial Review* 3, no. 2 (Summer 2003): 287 – 302.

——. *More Brilliant Than the Sun: Adventures in Sonic Fiction*. London: Quartet Books, 1999.

Evangelical Lutheran Church in America. "Caring for Creation: Vision, Hope, and Justice. " August 28, 1993. https: //download. elca. org/ELCA% 20Resource% 20Repository/EnvironmentSS. pdf.

Executive Office of the President. "Encouraging International Support for the Recovery and Use of Space Resources. " Executive order, April 6, 2020. https: //trumpwhitehouse. archives. gov/presidential-actions/executive-order-encouraging-international-support-recovery-use-space-resources/.

Finkelstein, Norman. *Image and Reality of the Israel-Palestine Conflict*. New York: Verso, 1995.

Foer, Franklin. "Jeff Bezos's Master Plan. "*Atlantic*, November

2019. https://www. theatlantic. com/magazine/archive/2019/
11/what-jeff-bezos-wants/598363/.

Fogg, Martyn J. "Ethical Dimensions of Space Settlement." *Space Policy* 16, no. 3 (2000): 205 – 211. https://www. sciencedirect. com/science/article/pii/S0265964600000242.

Fontenelle, Bernard le Bovier de. *Conversations on the Plurality of Worlds* (1686). Translated by H. A. Hargreaves. Berkeley: University of California Press, 1990.

Foster, L. M. , and Namrata Goswami. "What China's Antarctic Behavior Tells Us about the Future of Space." *Diplomat,* January 11, 2019.

Fox, Keolu, and Chanda Prescod-Weinstein. "The Fight for Mauna Kea Is a Fight against Colonial Science." *Nation*, July 24, 2019. https://www. thenation. com/article/archive/mauna-kea-tmt-colonial-science/.

Francis. "Laudato Si': On Care for Our Common Home." Encyclical letter, May 24, 2015. http://www. vatican. va/content/francesco/en/encyclicals/documents/papa-francesco_2015052 4_enciclica-laudato-si. html.

Friedman, Richard Elliott. *Who Wrote the Bible?* New York: Harper Collins, 1997.

Gorman, Alice. "The Cultural Landscape of Interplanetary Space." *Journal of Social Archaeology* 5, no. 1 (2005): 87 – 107.

Grinspoon, David. *Lonely Planets: The Natural Philosophy of*

Alien Life. New York: Ecco, 2004.

Handmer, Annie. "MVA Public Forum on the Moon. " Office of Other Spaces, Satellite Applications Catapult UK, Moon Village Association, Space Junk Podcast, August 23, 2020. https://www. youtube. com/watch?v = 8SB_ZwVgGOs.

Hanson, Robin. "How to Live in a Simulation. "*Journal of Evolution and Technology* 7, no. 1 (September 2001). http:// www. jetpress. org/volume7/simulation. htm.

Haroun, Fawaz, Shalom Ajibade, Philip Oladimeji, and John KennedyIgbozurike. "Toward the Sustainability of Outer Space: Addressing the Issue of Space Debris. " *New Space* 9, no. 1 (2021) : 63 – 71.

Harvey, Graham, ed. *The Handbook of Contemporary Animism*. Durham, UK: Acumen, 2013.

Haskins, Caroline. "The Racist Language of Space Exploration. " *Outline*, August 14, 2018. https://theoutline. com/post/5809/ the-racist-language-of-space-exploration.

Healey, Robert M. "Jefferson on Judaism and the Jews: ' Divided We Stand, United, We Fall! ' " *American Jewish History* 73, no. 4 (June 1984) : 359 – 374.

Hore-Thorburn, Isabelle. "Trust Elon Musk to Make Going to Space Sound Shit. "*Highsnobiety*, n. d. . https://www. highsnobiety. com/p/elon-musk-colonizing-mars-indentured-slavery/.

Howe, Daniel Walker. *What Hath God Wrought: The Transfor-*

mation of America, 1815 – 1848. Oxford: Oxford University Press, 2007.

Ingraham, Christopher. "A Proliferation of Space Junk Is Blocking Our View of the Cosmos, Research Shows. " *Washington Post*, April 27, 2021.

Jacobs, Harrison. "Inside the Ultra-elite Explorers Club That Counts Jeff Bezos, Buzz Aldrin, and James Cameron as Members. " *Business Insider*, December 30, 2017. https: // www. businessinsider. com/ explorers-club-new-york-elon-musk-james-cameron-buzz-aldrin-2017 – 12.

Jah, Morbia. "Acta non verba: That Should Be the Motto for NASA's Artemis Accords. " *Aerospace America*, Jahniverse, July/ August 2020. https: // aerospaceamerica. aiaa. org/ departments/ acta-non-verba-that-should-be-the-motto-for-nasas-artemis-accords/.

Jemisin, N. K. "Cloud Dragon Skies. " *In How Long'til Black Future Month?*, 113 – 125. New York: Orbit, 2018.

——. "The Ones Who Stay and Fight. " *In How Long'til Black Future Month?*, 1 – 13. New York: Orbit, 2018.

Kaçar, Betül. "Do We Send the Goo?" *Aeon*, November 21, 2020. https: // aeon. co/ essays/ if-were-alone-in-the-universe-should-we-do-anything-about-it.

Kaku, Michio. *The Future of Humanity: Terraforming Mars, Interstellar Travel, Immortality, and Our Destiny beyond Earth.* New

York: Doubleday, 2018.

Kearns, Laurel, and Catherine Keller, eds. *Ecospirit: Religions and Philosophies for the Earth*. New York: Fordham University Press, 2007.

Kennedy, John F. "If the Soviets Control Space, They Can Control Earth. "*Missiles and Rockets*, October 10, 1960, 12 – 13, 50.

——. "Special Message to the Congress on Urgent National Needs. " May 25, 1961. John F. Kennedy Presidential Library and Museum. https: //www. jfklibrary. org/archives/other-resources/ john-f-kennedy-speeches/united-states-congress-special-message-19610525.

Khatchadourian, Raffi. "The Elusive Peril of Space Junk. "*New Yorker*, September 21, 2020. https: //www. newyorker. com/ magazine/2020/09/28/the-elusive-peril-of-space-junk.

Killian, James R. , Jr. *Sputnik, Scientists, and Eisenhower: A Memoir of the First Special Assistant to the President for Science and Technology*. Cambridge, MA: MIT Press, 1977.

Kimmerer, Robin Wall. *Braiding Sweetgrass: Indigenous Wisdom, Scientific Knowledge, and the Teaching of Plants*. Minneapolis, MN: Milkweed, 2013.

Klinger, Julie Michelle. *Rare Earth Frontiers: From Terrestrial Subsoils to Lunar Landscapes*. Ithaca, NY: Cornell University Press, 2016.

Kminek, G. , C. Conley, V. Hipkin, and H. Yano. Committee on

Space Research. "COSPAR Planetary Protection Policy. " December, 2017: https://cosparhq. cnes. fr/assets/uploads/2019/12/PPPolicyDecember-2017. pdf.

LaFleur, Ingrid, and Moriba Jah. "What Does the Afrofuture Say? W/Moriba Jah. " Afrostrategy Strategies Institute, July 9, 2020. https://www. youtube. com/watch?v = B69ROBo0tPw.

Lampen, Claire. "Have TikTok Witches Actually ' Hexed the Moon' ?" *New York*, The Cut, July 19, 2020. https://www. thecut. com/2020/07/some-tiktok-baby-witches-apparently-tried-to-hex-the-moon. html.

Langston, Scott M. "' A Running Thread of Ideals' : Joshua and the Israelite Conquest in American History. " In *On Prophets, Warriors, and Kings: Former Prophets through the Eyes of Their Interpreters*, edited by George J. Brooke and Ariel Feldman, 229 – 263. Berlin: De Gruyter, 2016.

Lazier, Benjamin. "Earthrise; or, the Globalization of the World Picture. " *American Historical Review* 116, no. 3 (June 2011): 602 – 630.

Lee, John M. "' Silent Spring' Is Now Noisy Summer; Pesticides Industry up in Arms over a New Book. Rachel Carson Stirs Conflict—Producers Are Crying ' Foul. ' Rachel Carson Upsets Industry. " *New York Times*, July 22, 1962. https://www. ny-times. com/1962/07/22/archives/silent-spring-is-now-noisy-summer-pesticides-industry-up-in-arms. html.

Le Guin, Ursula K. "Newton's Sleep. " In *A Fisherman of the Inland Sea: Stories*, 23 – 53. New York: Harper Perennial, 2005.

——. "The Ones Who Walk Away from Omelas. " In *The Wind's Twelve Quarters*, 275 – 284. New York: William Morrow, 1975.

Lewis-Kraus, Gideon. "How the Pentagon Started Taking U. F. O. s Seriously. "*New Yorker*, April 30, 2021. https://www. newyorker. com/magazine/2021/05/10/how-the-pentagon-started-taking-ufos-seriously.

Lovelock, James. *Gaia: A New Look at Life on Earth.* New York: Oxford University Press, 1979.

Margulis, Lynn, and Oona West. "Gaia and the Colonization of Mars. "*GSA Today* 3, no. 11 (November, 1993): 277 – 280, 291.

Mather, Cotton. *Soldiers Counselled and Comforted: A Discourse Delivered unto Some Part of the Forces Engaged in the Just War of New-England against the Northern and Eastern Indians.* Boston: Samuel Green, 1689.

McKay, Christopher. "Planetary Ecosynthesis on Mars: Restoration Ecology and Environmental Ethics. " In *Exploring the Origin, Extent, and Future of Life: Philosophical, Ethical, and Theological Perspectives*, edited by Constance M. Bertka, 245 – 260. Cambridge: Cambridge University Press, 2009.

Millard, Egan. "The Only Bible on the Moon Was Left There by an Episcopalian on Behalf of His Parish. " Episcopal News Service, July 19, 2019. https://www. episcopalnewsservice.

org/2019/07/19/the-only-bible-on-the-moon-was-brought-there-by-an-episcopalian-on-behalf-of-his-parish/.

Mohanta, Nibedita. "How Many Satellites Are Orbiting the Earth in 2021?" *Geospatial World*, May 28, 2021. https://www. geospatialworld. net/blogs/how-many-satellites-are-orbiting-the-earth-in-2021/.

Musk, Elon. "Making Humans a Multi-Planetary Species." *New Space* 5, no. 2 (2017): 46 – 61.

Nakahado, Sidney Nakao. "Should Space Be Part of a Development Strategy? Reflections Based on the Brazilian Experience." *New Space* 9, no. 1 (2021): 19 – 26.

National Aeronautics and Space Administration (NASA). "The Artemis Accords: Principles for Cooperation in the Civil Exploration and Use of the Moon, Mars, Comets, and Asteroids for Peaceful Purposes." October 13, 2020. https://www. nasa. gov/specials/artemis-accords/img/Artemis-Accords-signed-13Oct2020. pdf.

——. "The Artemis Plan: Nasa's Lunar Exploration Program Overview." September 2020. https://www. nasa. gov/sites/default/files/atoms/files/artemis_plan-20200921. pdf.

Newell, Catherine. "The Strange Case of Dr. Von Braun and Mr. Disney: Frontierland, Tomorrowland, and America's Final Frontier." *Journal of Religion and Popular Culture* 25, no. 3 (Fall 2013): 416 – 429.

Nicholas V. "*Romanus Pontifex*: Granting the Portuguese a Perpetual Monopoly in Trade with Africa. " January 8, 1455. *Papal Encyclicals Online* https://www. papalencyclicals. net/nichol05/romanus-pontifex. htm.

Nietzsche, Friedrich. *On the Genealogy of Morals*. Translated by Walter Kaufmann. New York: Vintage Books, 1989.

O'Neill, Gerard K. *The High Frontier: Human Colonies in Space*. North Hollywood, CA: Space Studies Institute Press, 1976.

"Orderly Formula. "*Time*, October 28, 1957, 17 – 19.

Pace, Scott. "Space Development, Law, and Values (Lunch Keynote). " IISL Galloway Space Law Symposium, December 13, 2017. https://spacepolicyonline. com/wp-content/uploads/2017/12/Scott-Pace-to-Galloway-Symp-Dec-13 – 2017. pdf.

Patterson, Richard Sharpe. *The Eagle and the Shield: A History of the Great Seal of the United States*. Washington, DC: Office of the Historian, Bureau of Public Affairs, Department of State, 1978. https://archive. org/details/TheEagleAndTheShield/page/n57/mode/2up.

Pence, Michael. "Address to the Fifth Meeting of the National Space Council. " March 26, 2019. https://www. youtube. com/watch?v = ZQkoFuNWXg8&t = 2027s.

Potter, Christopher. *The Earth Gazers: On Seeing Ourselves*. New York: Pegasus Books, 2018.

Prior, Michael. *The Bible and Colonialism: A Moral Critique*.

London: Bloomsbury, 1997.

——. "Confronting the Bible's Ethnic Cleansing in Palestine. " *Link 33*, no. 5 (December 2000) : 1 – 12.

——. "The Right to Expel: The Bible and Ethnic Cleansing. " In *Palestinian Refugees: The Right of Return*, edited by Naseer Aruri, 9 – 35. London: Pluto, 2001.

Quinn, Adam G. "The New Age of Space Law: The Outer Space Treaty and the Weaponization of Space. "*Minnesota Journal of International Law* 17, no. 2 (2008) : 475 – 502.

Ra, Sun. "We Travel the Spaceways. " *Sun Ra and His Arkestra Greatest Hits.* https://www. youtube. com/watch?v = oLn1JVsISh0.

Rand, Ayn. *Atlas Shrugged.* New York: Dutton, 1992.

Rawls, Meredith L. , Heidi B. Thiemann, Victor Chemin, Lucianne Walkowicz, Mike W. Peel, and Yan G. Grange. "Satellite Constellation Internet Affordability and Need. "*Research Notes of the AAS* 4, no. 189 (October 2020) . https://iopscience. iop. org/article/10. 3847/2515 – 5172/abc48e.

Raz, Guy. "Lucianne Walkowicz: Should We Be Using Mars as a Backup Planet?" *TED Radio Hour*, NPR, December 21, 2018. https://www. npr. org/transcripts/678642121.

Resnick, Brian. " Apollo Astronauts Left Their Poop on the Moon. " *Vox*, The Highlight, July 12, 2019. https://www. vox. com/science-and-health/2019/3/22/18236125/apollo-moon-poop-mars-science.

Robbins, Martin. "How Can Our Future Mars Colonies Be Free of Sexism and Racism?" *Guardian*, May 6, 2015. https://www. theguardian. com/science/the-lay-scientist/2015/may/06/how-can-our-future-mars-colonies-be-free-of-sexism-and-racism.

Roberge, Jack. "Elon Musk and Tesla: Saving the Planet by Being Awesome. " *Villanovan*, February 4, 2020. http://www. villanovan. com/opinion/elon-musk-and-tesla-saving-the-plan-et-by-being-awesome/article_cf82b6d4 – 47bc – 11ea – aa69 – 8b8a9ecb878a. html.

Rolston, Holmes, III. "The Preservation of Natural Value in the Solar System. " In *Beyond Spaceship Earth: Environmental Ethics and the Solar System*, edited by Eugene C. Hargrove, 140 – 182. San Francisco: Sierra Club Books, 1987.

Rosenberg, Zach. "This Congressman Kept the U. S. and China from Exploring Space Together. " *Complex*, December 17, 2013.

Roulette, Joey. "Elon Musk's Shot at Amazon Flares Monthslong Fight over Billionaires' Orbital Real Estate. " *The Verge*, January 27, 2021. https://www. theverge. com/2021/1/27/22 251127/elon-musk-bezos-amazon-billionaires-satellites-space.

Rubenstein, Mary-Jane. *Pantheologies: Gods, Worlds, Monsters*. New York: Columbia University Press, 2018.

——. *Worlds without End: The Many Lives of the Multiverse*. New York: Columbia University Press, 2014.

Russell, Andrew, and Lee Vinsel. "Whitey on Mars: Elon Musk

and the Rise of Silicon Valley's Strange Trickle-Down Science. "
Aeon, February 1, 2017. https://aeon. co/essays/is-a-mission-to-mars-morally-defensible-given-todays-real-needs.

Sagan, Carl. *Cosmos*. New York: Ballantine Books, 1980.

———. *Pale Blue Dot: A Vision of the Human Future in Space*. New York: Random House, 1994.

Salaita, Steven. *The Holy Land in Transit: Colonialism and the Quest for Canaan*. Syracuse, NY: Syracuse University Press, 2006.

Schwartz, James S. J. "On the Moral Permissibility of Terraforming. " *Ethics and the Environment* 18, no. 2 (Fall 2013): 1 –31.

Seed, Patricia. *Ceremonies of Possession in Europe's Conquest of the New World*, 1492 –1640. Cambridge: Cambridge University Press, 1995.

Sepulveda, Juan Ginés de. "Democrates Alter; or, on the Just Causes for War against the Indians"(1544). In *Boletín de la Real Academia de la Historia* 21 (October 1892). Originally translated for *Introduction to Contemporary Civilization in the West* (New York: Columbia University Press, 1946). http://www. columbia. edu/acis/ets/CCREAD/sepulved. htm.

Sheets, Michael. "FCC Approves SpaceX Change to Its Starlink Network, a Win Despite Objections from Amazon and Others. " CNBC, Investing in Space, April 27, 2021. https://www. cnbc. com/2021/04/27/fcc-approves-spacex-starlink-modification-despite-objections. html.

Silko, Leslie Marmon. *Ceremony.* Anniversary ed. New York: Penguin, 2006.

Smolkin, Victoria. *A Sacred Space Is Never Empty: A History of Soviet Atheism.* Princeton, NJ: Princeton University Press, 2018.

Sparrow, Robert. "The Ethics of Terraforming. "*Environmental Ethics* 21 (1999): 227 – 245.

Stamp, Jimmy. "American Myths: Benjamin Franklin's Turkey and the Presidential Seal. "*Smithsonian Magazine*, January 25, 2013. https://www. smithsonianmag. com/arts-culture/american-myths-benjamin-franklins-turkey-and-the-presidential-seal-6623414/.

Steinem, Gloria, and Sally Ride. "Sally Ride on the Future in Space. "*Ms.* , January 1984, 86.

Stirone, Shannon. "Mars Is a Hellhole. " *Atlantic*, February 26, 2021.

Stone, Peter. *1776.* 1972. Scripts. com. https://www. scripts. com/script-pdf/1574.

Szwed, John F. *Space Is the Place: The Lives and Times of Sun Ra.* New York: Da Capo, 1998.

Tavares, Frank, Denise Buckner, Dana Burton, Jordan Mc-Kaig, ParvathyPrem, Eleni Ravanis, Natalie Treviño, et al. "Ethical Exploration and the Role of Planetary Protection in Disrupting Colonial Practices. " Cornell University, arXiv, October 15, 2020. https://arxiv. org/abs/2010. 08344.

Thompson, Clive. "Monetizing the Final Frontier. "*New Republic*, December 3, 2020. https://newrepublic. com/article/160303/ monetizing-final-frontier.

Torres, Phil. "The Dangerous Ideas of Longtermism and Existential Risk. " *Current Affairs*, July 28, 2021. https://www. currentaffairs. org/2021/07/the-dangerous-ideas-of-longtermism-and-existential-risk.

Treviño, Natalie B. "The Cosmos Is Not Finished. " PhD diss. , University of Western Ontario, 2020.

Trump, Donald J. "Remarks by President Trump in State of the Union Address. " February 4, 2020. https:// rumpwhitehouse. archives. gov/briefings-statements/remarks-president-trump-state-union-address-3/.

Turner, Frederick Jackson. "The Significance of the Frontier in American History. " In *The Frontier in American History*. New York: Henry Holt, 1935. Address delivered at the forty-first annual meeting of the State Historical Society of Wisconsin, December 14, 1893. http://xroads. virginia. edu/ ~ HYPER/ TURNER/.

Tutton, Richard. "Sociotechnical Imaginaries and Techno-Optimism: Examining Outer Space Utopias of Silicon Valley. " *Science as Culture*, November 5, 2020, 1 – 24.

United Nations Office for Outer Space Affairs, Committee on the Peaceful Uses of Outer Space. "Agreement Governing the Ac-

tivities of States on the Moon and Other Celestial Bodies
(1984). " In *International Space Law: United Nations Instruments*, edited by United Nations Office for Outer Space Affairs, 30 – 39. New York: United Nations, 2017.

——. "Report of the Legal Subcommittee on Its Sixtieth Session, Held in Vienna from 31 May to 11 June 2021. " August 2, 2021. https://www. unoosa. org/oosa/en/oosadoc/data/documents/2021/aac. 105/aac. 1051243_0. html.

——. "Treaty on Principles Governing the Activities of States in the Exploration and Use of Outer Space, Including the Moon and Other Celestial Bodies (Outer Space Treaty) (1967). " In *International Space Law: United Nations Instruments*, edited by United Nations Office for Outer Space Affairs, 3 – 9. New York: United Nations, 2017.

United States Department of Defense. "Final Report on Organizational and Management Structure for the National Security Space Components of the Department of Defense. " Department of Defense Report to Congressional Defense Committees, August 9, 2018. https://media. defense. gov/2018/Aug/09/2001952764/ – 1/ – 1/1/ORGANIZATIONAL-MANAGEMENT-STRUCTURE-DOD-NATIONAL-SECURITY-SPACE-COMPONENTS. PDF.

United States Office of Space Commerce. "National Space Policy of the United States of America. " December 9, 2020. https://

www. space. commerce. gov/policy/national-space-policy/.

United States Space Force. *Spacepower: Doctrine for Space Forces.* Space Capstone Publication, June 20, 2020. https://www. spaceforce. mil/Portals/1/Space% 20Capstone% 20Publication_10% 20Aug% 202020. pdf.

Utrata, Alina. "Lost in Space. "*Boston Review*, July 14, 2021. https://bostonreview. net/science-nature/alina-utrata-lost-space.

Vance, Ashlee. *Elon Musk: Tesla, Space X, and the Quest for a Fantastic Future.* New York: Ecco, 2017.

Vattel, Emmerich de. *The Law of Nations, or, Principles of the Law of Nature, Applied to the Conduct and Affairs of Nations and Sovereigns* (1758). Indianapolis, IN: Liberty Fund, 2008.

von Braun, Wernher. "For Space Buffs—National Space Institute—You Can Join. "*Popular Science*, May 1976, 72–73.

Wabuke, Hope. "Afrofuturism, Africanfuturism, and the Language of Black Speculative Literature. " *Los Angeles Review of Books*, August 27, 2020. https://www. lareviewofbooks. org/article/afrofuturism-africanfuturism-and-the-language-of-black-speculative-literature/.

Walkowicz, Lucianne. "Let's Not Use Mars as a Backup Planet. " TED, March 2015. https://www. ted. com/talks/lucianne_walkowicz_let_s_not_use_mars_as_a_backup_planet?language=en.

Wall, Mike. "New Space Mining Legislation Is 'History in the Making. ' "*Space. com*, November 20, 2015, https://www. space.

com/31177-space-mining-commercial-spaceflight-congress. html.

Wark, K. "Wis2dom—Weaving Indigenous and Sustainability Sciences: Diversifying Our Methods Workshop. " In *Weaving Indigenous and Sustainability Sciences: Diversifying Our Methods*, edited by J. T. Johnson, R. P. Louis, and A Kliskey, 101 – 103. Arlington, VA: National Science Foundation, 2014.

Warrior, Robert Allen. "Canaanites, Cowboys, and Indians: Deliverance, Conquest, and Liberation Theology Today. " *Christianity and Crisis*, September 11, 1989, 21 – 26.

Waxman, Olivia B. "Lots of People Have Theories about Neil Armstrong's ' One Small Step for Man' Quote. " *Time*, July 15, 2019. https: //time. com/5621999/neil-armstrong-quote/.

Welna, David. "Space Force Bible Blessing at National Cathedral Sparks Outrage. " NPR, National Security, January 13, 2020. https: //www. npr. org/2020/01/13/796028336/space-force-bible-blessing-at-national-cathedral-sparks-outrage.

"What Are We Waiting For?" *Collier's*, March 22, 1952.

Whitaker, Alexander. "Good News from Virginia (1613). " In *God's New Israel: Religious Interpretations of American Destiny*, edited by Conrad Cherry, 30 – 36. Chapel Hill: University of North Carolina Press, 1998.

White, Lynn, Jr. . "The Historical Roots of Our Ecologic Crisis. " *Science* 155, no. 3767 (1967): 1203 – 1207.

Wigglesworth, Michael. "God's Controversy with New England

(1662) . " In *God's New Israel: Religious Interpretations of A-merican Destiny*, edited by Conrad Cherry, 42 – 53. Chapel Hill: University of North Carolina Press, 1998.

Wilkins, John. *The Discovery of a World in the Moone; or, a Discourse to Prove That' Tis Probable There May Be Another Habitable World in That Planet.* London: Michael Sparke and Edward Forrest, 1638.

Wynter, Sylvia. "The Pope Must Have Been Drunk, the King of Castile a Madman: Culture as Actuality, and the Caribbean Rethinking Modernity. " In *Reordering of Culture: Latin America, the Caribbean and Canada in the Hood*, edited by Alvina Ruprecht and Cecilia Taiana, 17 – 41. Ottawa, ON: Carleton University Press, 1995.

Young, M. Jane. "' Pity the Indians of Outer Space' : Native A-merican Views of the Space Program. " *Western Folklore* 46, no. 4 (October 1987) : 269 – 279.

Youngquist, Paul. *A Pure Solar World: Sun Ra and the Birth of Afrofuturism.* Austin: University of Texas Press, 2016.

Zimmerer, Jürgen. "The Birth of theOstland out of the Spirit of Colonialism: A Postcolonial Perspective on the Nazi Policy of Conquest and Extermination. " *Patterns of Prejudice* 39, no. 2 (2005) : 197 – 219.

Zubrin, Robert. "Why We Humans Should Colonize Mars! " *Theology and Science* 17, no. 3 (2019) : 305 – 316.

——. "Wokeists Assault Space Exploration. " *National Review*, November 14, 2020. https: //www. nationalreview. com/2020/ 11/wokeists-assault-space-exploration/.

Zubrin, Robert, and Richard Wagner. *The Case for Mars: The Plan to Settle the Red Planet and Why We Must.* New York: Free Press, 2011.

索 引 [*]

---

* 页码后面的"f"代表图表；条目后的数字为原书页码，见本书边码。

A

C

D

F

I

J

P

U

V

W

译后记

首次翻开《宇托邦》一书时，恰逢 SpaceX "猎鹰 9 号"火箭搭载 114 颗卫星升空之日：2023 年 1 月 3 日。

火箭的轰鸣声宛如一首高亢的宇宙赞歌，将人们的目光引向浩瀚无垠的太空。目之所及，是皎洁的月亮，璀璨的星光，浩渺的苍穹。亘古以来，人类就对太空充满了美好的幻想和无尽的渴望。谁不曾幻想过遥远星球上的各种神奇故事和传说？谁又不曾渴望在太空遨游，"仰观宇宙之大，俯察品类之盛"？

新闻推送此起彼伏，手机响个不停，与 SpaceX 相关的信息犹如一场科技狂欢。许多人纷纷感慨：人类科技无所不能，没准有生之年，我们也能到太空"潇洒走一回"。于是，我索性将手机调至静音，让自己沉浸在《宇托邦》的世界。

这是一本讨论太空探索的书，副标题却用了"危险"和"宗教"两词，不禁让人疑窦丛生。难道太空探索是一种"宗教"？它"危险"在哪里？这与我们以往对太空的认知大相径庭。紧接着，老子的名言赫然出现在扉页："将欲取天下而为之，吾见其不得已。"无数的疑问如同手机的提示音，一声声在脑海中轰鸣。东方哲学和太空探索有什么交集？"欲"是谁的欲？"天下"是否包括我们仰望的太空？天下如何"取"，又该如何"为"？"不得已"难道说的是太空探索的结局？

于是，我一章章地阅读，竟有一种"欲罢不能"之感，仿佛被地心引力牵引，从高空急速坠落！然而，在读完之后才发现自己身心俱疲，心有余悸。这绝非失重造成的坠落感，更像是从高处俯瞰深渊的恐惧。长久以来我们执着于头上的星空，但鲁宾斯坦的文字却迫使我们思索脚下的大地。探索太空如何提升人们的生活水平？能否平息俄乌冲突、巴以冲突？能否解决全球气候危机、粮食安全、难民安置、核废水等地球上的问题？面对烧焦的土地、枯竭的矿坑、战争的硝烟，人们却在欢呼"白人登上了月球"。

鲁宾斯坦以敏锐的洞察力、犀利的语言，揭开了愈演愈烈的"新太空竞赛"背后的真相。太空，虽然蕴含着无限的可能，却也成了一个充满贪婪和战争的舞台。太空竞赛不仅是一项政治、经济或科学事业，更像是一种狂热的宗教仪式，被裹上了"造福全人类""科学研究""人道主义"等华丽的外衣。换言之，太空竞赛不过是地球殖民主义的延续，是一场精心掩饰的资源抢夺战。从大航海时代的"发现原则"，到美国西进运动时的"昭昭天命"，再到如今的"新太空"宣言，它们都是殖民主义的老调重弹，演绎着剥削与征服的旋律。

鲁宾斯坦警告我们，如果不对太空殖民主义做深刻的反思，宇宙将重蹈地球上的覆辙。她认为，我们还有其他方式探索宇宙，并且能治愈已然千疮百孔的地球。我们需要学会倾听，不仅要倾听老子、原住民、非洲未来主义者、女性主义者以及环保主义者的声音，而且要倾听西方文化中的其他观点。我们需要寻找创造性、可持续性与和平的神话，去取代那些引导科学发展的破坏性神话。如果西方文化中缺乏这种神话，那就去其他文化中寻找，甚至可以"一空依傍，自铸伟词"。这样才能使我们认识到，"人类"的命运与宇宙万物息息相关，从而抛弃掠夺和征服的旧思维，接纳以和谐、尊重和共生为核心的新思想。

郭沫若在评价《聊斋志异》时曾说："写鬼写妖高人一等，刺贪刺虐入骨三分。"这句评语在某种程度上也适用于《宇托邦》。鲁宾斯坦的文字准确凝练，文风诙谐犀利，长句如长鞭，曲折舒长，富有韧性；短句则如利刃，简洁明快，意味深长。她不时使用俏皮话、双关语、对比、隐喻等修辞技巧，表现出"高人一等"的叙述能力和"入骨三分"的讽刺力度。当然，这也为翻译带来了极大的挑战。

有人曾把翻译比作玻璃。果戈里说："理想的译者应成为一块玻璃，透明得让读者感觉不到他的存在。"劳伦斯·韦努蒂在阐述"译者的隐身"时也引过一段话："译文应力求透明，以致看起来不像译文。好的翻译像一块玻璃。"然而，翻译是否应如玻璃般"透明"？玻璃都是透明的吗？事实上，玻璃样式繁多，如雕花玻璃、磨砂玻璃、彩色玻璃、夹层玻璃，并非都是透明的。美国诗人庞德在对中文一知半解的情况下，创造性地翻译中国古典诗歌，在欧美掀起了轰轰烈烈的意象派诗歌运动。在他看来，翻译并非"透明的"，而是"半透明的"。译者无需精通外语，只需认识几百个单词，而且只有这样才能在似懂非懂中发挥无穷的想象力，用翻译创造出诗意。其实，"透明"与"半透明"并非对立的两极，而且透明度也是一个相对的概念。翻译既是一门技术，又是一门艺术。在技术层面，翻译自然需要"透明"；在艺术层面，翻译则需要一种"犹抱琵琶半遮面"的"半透明"。我们在翻译本书时，努力做到准确传递原文的观点和风格，但有时也会为了更好地传达，根据具体情况灵活处理。感谢连雨晴、何清忻参与校对工作，感谢颜妍通读本书并作序，还要感谢智慧译百的江心波，为我们提供了各种先进的技术支持和保障。由于译者水平有限，译文难免会有疏漏之处，诚望方家批评指正。

写到这里，手机提示音又开始响个不停。原来是SpaceX 星舰火箭发射失败的消息占据了头条。"将欲取天下而为之，吾见其不得已。"老子几千年前的预言在此刻显得格外应景。此刻，我对宇宙探索的热情已然冷却。或许，我们应该关注这个美丽的蓝色星球，而非总是仰望遥远的星辰。

最后，我想引用庄子《齐物论》中的话结尾，"天地与我并生，而万物与我为一。既已为一矣，且得有言乎？既已谓之一矣，且得无言乎？一与言为二，二与一为三。自此以往，巧历不能得，而况其凡乎！故自无适有，以至于三，而况自有适有乎！无适焉，因是已！"愿这本书能成为启发读者思想的火花，照亮对太空、对生活全新的视角与感悟。

2023 年 11 月 18 日于山东济南

图书在版编目（CIP）数据

宇托邦：太空危竞 ／（美）玛丽-简·鲁宾斯坦
(Mary-Jane Rubenstein) 著；郑春光，吴浩然译.
北京：中央编译出版社，2025. 1. -- ISBN 978-7-5117-
4800-3

Ⅰ. V11

中国国家版本馆CIP数据核字第2024YN4594号

ASTROTOPIA: The Dangerous Religion of the Corporate Space Race
By Mary-Jane Rubenstein
© 2022 by The University of Chicago. All rights reserved.
Simplified Chinese edition published by arrangement with Gending Rights Ageney.
Licensed by The University of Chicago Press, Chicago, Illinois, U. S. A.

图字号：01-2024-2181

宇托邦：太空危竞

选题策划	张远航	
责任编辑	郑永杰　宋　妍	
责任印制	李　颖	
出版发行	中央编译出版社	
网　　址	www. cctpcm. com	
地　　址	北京市海淀区北四环西路69号（100080）	
电　　话	（010）55627391（总编室）　（010）55627319（编辑室）	
	（010）55627320（发行部）　（010）55627377（新技术部）	
经　　销	全国新华书店	
印　　刷	廊坊昌能印刷有限公司	
开　　本	889毫米×1194毫米　1/32	
字　　数	233千字	
印　　张	12.125	
版　　次	2025年1月第1版	
印　　次	2025年1月第1次印刷	
定　　价	88.00元	

新浪微博：@中央编译出版社　微　　信：中央编译出版社（ID: cctphome）
淘宝店铺：中央编译出版社直销店（http://shop108367160. taobao. com）
　　　　　（010）55627331

本社常年法律顾问：北京市吴栾赵阎律师事务所律师　闫军　梁勤
凡有印装质量问题，本社负责调换。电话：（010）55627320